BRAND MARKETING

IN THE AGE OF "SOCIAL AND BLOCKCHAIN+"

品牌不逆襲，就關門大吉

從大麥克身上學到區塊鏈行銷術

鄭聯達 — 著

大數據時代來臨，未來每分每秒都在發生改變

順應趨勢，才能展望未來
原地踏步，終將被社會淘汰

聯合推薦人

陳　剛	中國植物油行業協會副會長，中糧「福臨門」品牌行銷總經理
何興華	紅星美凱龍家具集團股份有限公司總裁
楊坤田	「馬克華菲」創始人兼 CEO，稻盛和夫經營學會「盛和塾」上海理事長
徐　穎	乾明天使投資基金管理合夥人，耐克商業（中國）有限公司原品牌長，「帝亞吉歐」品牌長，「和宜本草」原副總裁
劉寅斌	上海大學副教授，春秋航空股份有限公司行銷顧問，新浪微博傳播顧問
趙廣豐	王品集團市場中心總經理
陳少輝	加州大學河濱分校商學院（安德森管理學院）副院長
班麗嬋	CMO 訓練營創始人，《廣告王》雜誌原主編
白　碩	上海證券交易所原總工程師，中科院博士生導師，區塊鏈研究專家

（聯合推薦人排名不分先後）

崧燁文化

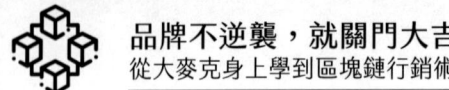

前言

順應趨勢才能有未來

歲月滄桑，時代變幻。

在過去的十年裡，我們逐漸意識到，自己在快速變化的時代面前顯得渺小，小到總是覺得跟不上時代的腳步，小到時代的巨變好像跟自己沒有關係。同時，我們又會覺得在世界面前，資訊的變革顯得自己非常「大」——「大」到可以透過網路和手機縱覽天下；「大」到可以有機會表達自己的觀點，與世界對話；「大」到人們的生活總是圍繞「社群」和「網路」兩個詞轉動。

一個大時代在過去的十年改變著世界和臺灣，也造就了一大批企業和品牌，成就了一大批人。

「蘋果」在十年的發展高峰間成為全球市值第一品牌，以創新傲視群雄；「Facebook」以社群之名影響全球超過十億使用者；「Google」的科技賽道從搜尋轉向了人工智慧；「華碩」的崛起讓世界看到了臺灣的科技韌性。與此同時，昔日的手機第一品牌Nokia在智慧型手機的閾值前轟然倒塌；柯達品牌無法跟上數位化的時代，沉淪於時代的無情拋棄中；臺灣也有大量國產品牌逐漸地消失在市場的晨光中等等。十年間，我們見證了眾多品牌在這一波經濟發展中不斷地崛起，也見證了不少品牌因無法跟上時代腳步而逐漸走向沒落。

所幸，二〇〇八年我緊跟社群時代的步伐，與幾位同仁一起創立了一家叫 Verawom（維拉沃姆）的廣告公司，我們的業務從 BBS 開始，貫穿部落格、搜尋引擎、各大影音網站、各大社群網站、電子商務、交友軟體、抖音等各類型的社群媒體，見證了一波又一波社群媒體的發展。因為大家對於這個行業的熱愛和努力，我們在廣告行業中成了一個特立獨行的品牌，在很多人的記憶中，Verawom 代表著社群媒體環境下的新銳品牌行銷公司，在網路內容，尤其是影片內容上表現突出，案例眾多，堪稱一枝獨秀。

憑藉此書，終於有機會總結過去的一些經驗和思考，如果能對行業和同樣經歷了社群時代發展的品牌有一些參考，那也不枉我們十年來對那麼多案例的付出。

在行業中「浸泡」久了，一方面感受到時代的變化之大和快，超出了很多人的想像；另一方面也深刻地看到了品牌行銷行業的很多問題，從傳統切換到社群和網路，其實並沒有想像中那麼容易。

電視的傳統媒體時代，屬於資源集中的時代，誰占有資源誰就能控制市場。社群使得資訊更加快速和自由地流通，切換人們的關注點，重新分配財富，那是一個對於中小企業非常美好的時刻。一大批守舊的老品牌慢慢地退出我們的視線，一大批新興的品牌快速地成長，成就了如「華碩」、「宏達電」等大型企業。我們曾經以為資訊變革會大量地降低品牌的塑造和行銷成本，以及提高效率，十年過去了，很多品牌突然意識到，傳統媒體不能放棄，新的網路管道也必須做，網路的行銷成本已經高得不能承受。很多紅利都流向了一些大品牌，原本是資源集中，現在變成了流量的集中和壟斷。對於品牌行銷來説，在效率和效果上也產生了頭部企業「溢出」，而尾部企業「擠出」的明顯現象。很多中小企業在經濟紅利失速的情況下，因為投不起廣告費、沒有好的行銷方式而萎縮或倒閉。

同樣地，我們看到品牌行銷的代理商、廣告公司也並沒有在社群網路時代找到西方一九七〇年代和東方一九九〇年代那樣的黃金時代。在社群和資訊化的推動下，競爭更加全面，市場的要求大幅度提升，成本越來越高，價格越來越透明，利潤也越來越低。很多傳統大企業快速萎縮，市值下滑，不再吸引人才，跟不上時代的步伐，很多小企業並沒有借助資訊和技術的紅利取得大的突破。

當人們還在沉思如何跟上時代腳步的時候，又有5G、大數據、雲端計算、虛擬實境、物聯網、區塊鏈和人工智慧等一批新技術出現在人們面前。很多人對新技術並沒有什麼認知，還停留在過去的思維中，甚至還有人停留在恐慌中而消極對待。究竟這些新技術會對品牌行銷造成什麼樣的影響，又會帶給行業什麼樣的機會呢？

全球菁英在預測可見的未來時，達成一個共識，就是人工智慧時代的到來也許能解決當下社會面臨的諸多問題。因為在未來，人工智慧就是新時代的生產力。但橫在現實與人工智慧之間有一道天塹（資料的權利、全球共識的信任機制、資料完全共享的基礎設施、資料價值和激勵機制）仍無法逾越，直到區塊鏈出現，人們才看到未來的曙光。過去在社群媒體時代，品牌從資訊的發展中獲得了更多自由的認知動能；區塊鏈時代，品牌將會成為自我資料、價值和信任的全方位主宰。在這樣的時代機遇面前， 品牌的行銷也將走上新的賽道， 我們在不知不覺間又坐上了一個新時代的加速器。

經過一段時間的深入研究，我激動地發現，也許區塊鏈搭載著人工智慧的時代很快會到來，它將以超越過去「社群」百倍、千倍的力量改變品牌的行銷邏輯，甚至改變整個世界的運行邏輯。從比特幣出發，區塊鏈的技術受到各國政府、科技企業和個人等各方面的高度關注，也有大量的實踐和研究，似乎一場全新的變革即將來臨。

身為品牌經營者和行銷界人士，在資訊技術發展的階段，很多人只是在空喊而沒有真正地將技術應用於其中，最後錯失了一系列良機，也沒有從本質上解決市場的核心問題。在「區塊鏈＋」時代到來的時候，人們是否依然會因看不見或看不起而丟失價值呢？希望這本書能夠引起人們對未來的關注和思考。

時光荏苒，滄海桑田，回望過去的這十年，我感恩能遇上一個美好的時代，可以見證和參與臺灣經濟的發展，尤其是數位經濟發展的過程；我慶幸有機會憑藉自己的努力，見證和幫助很多品牌的發展。如今細細回味，發現包括自己在內的很多品牌和個人，都只不過是在對的時間做了對的事情，並沒有什麼英雄和超能力，更多的是得益於時代的饋贈。

無論是個人、企業還是國家，在時代的大趨勢前，順之則昌，逆之則亡，並沒有什麼兩樣。在一個新時代的起點上，所有往昔，皆為序章，未來的路全憑順應潮流堅定前行。而在出發前，最重要的是擁有懂得順應的眼光和為了順應時代趨勢而做出正確選擇的決斷力。

我熱切地期盼，臺灣的品牌在社群媒體時代之後，在新的時代浪潮到來之際，能夠再一次抓住區塊鏈和人工智慧這一偉大機會，在生產上應用、在行銷上適應、在理念上融合，再一次締造一個品牌發展的奇蹟。

書中所提及的品牌，其所在公司詳細名稱多以品牌名稱代替，望讀者諒解。

目錄

上篇：新環境中的品牌行銷特點及困局

我們天天在消費品牌或者營運品牌，但是否有人仔細思考過什麼是品牌？

品牌發展是一個從無到有的過程，你有沒有想過品牌在經濟和社會發展過程中充當了什麼角色？又將走過怎樣的歷程？

Chapter 1

品牌在商業環境中的重要性及機會點

眾所周知，「品牌」在字面意思上可以拆解為「產品的牌子」，就如同舊時所知的牌坊一樣，總能使人們留下良好的形象。品牌是一個商品在商業行為中的產品、通路、服務和商譽等屬性在消費過程中消費認知的總和，是一種具有經濟價值的無形資產，透過對商品抽象的、獨特的、可識別的和經歷時間累積的概念凸顯其差異性的整體感知。

品牌也是一種對於商業行為中做得好與不好、經營能力和水準的高與低、因時間和空間有不同適應度的綜合展現。

品牌的存在，往往與商業社會供求情況和隨之產生的競爭行為密切相關。當在彼此的競爭中借助品質、服務、創造性、實用性等一個或多個維度的差異性而為商業社會提供價值，逐漸地經歷時間的考驗，成為引領消費市場的商品，便成為品牌。

商業品牌的歷史，可以追溯到中世紀，一些手工匠人為了方便他人識別產品，而在手工藝品上標示生產者和產地。十六世紀時，一些威士忌洋酒為了防止他人冒充，在酒桶上刻上生產者的名字。十九世紀初，蘇格蘭的釀酒者開始使用「oldsmuggler」這個標識以展示酒的品質，成為近代品牌商業化的開始。

早期的品牌主要是為了實現產品間的區別，並且證明品質。

當市場的交易越來越頻繁，品牌越來越多，各個產品的品牌內涵也就越來越豐富。產品透過其品牌名稱、標識、商標和形象等元素，展現其品質、內涵和服務等特點。

在封建社會，大部分民眾還停留在維持生存的狀態，沒有品牌的觀念。而皇族或貴族使用的產品的品質都比普通老百姓所用的要高出很多，社會經濟往前發展的時候，人們發現有些貴族的消費品在民間也很受歡迎，於是這些產品開始走向民間。

古中國封建社會經濟發展的高峰出現於宋代，形成了一系列早期的品牌雛形，藥鋪、小吃、客棧等在宋代京城都被廣泛認可，甚至成為祖輩傳承的產業。其中為人們熟知的《白蛇傳》中便有一系列展示：許仙外出遇大雨，於是找開藥鋪的姐夫借傘，姐夫遞給他一把傘，並囑咐他這把傘是清湖八字橋「老實舒家」的好傘，四十八骨，紫竹傘柄，千萬別弄壞。拿著好傘，許仙走到橋頭碰見了白娘子，並撐傘為白娘子擋雨，護送她回家，臨走時忘了拿回雨傘，最後在一借一還之間定下了一段姻緣。這裡的「老實舒家」在臨安儼然是一個知名品牌。只不過，那時的商業市場還沒有走向完全的市場經濟，社會動盪也一直不斷，最後好多品牌都無法真正地流傳下來。

從某種程度上講，品牌也是資本主義和市場經濟的產物，透過競爭形成市場對某一產品或服務的認同，透過這種認同，使市場對這一產品和服務有相應的信賴，這就是品牌的意義。

具有品牌價值的商品，往往在知名度、認知度、美譽度和忠誠度上有較高的累積，因為這些累積，使得消費市場對該商品產生或強或弱的信賴度，並轉化為持續的需求度，這就使得好品牌具備可持續發展的正向循環。

我們都知道，「可口可樂」具有極高的品牌價值，假使今天它所有的有形資產全部被銷毀，其依然可以在短時間內借助品牌的無形價值東山再起，這就是品牌的力量。

隨著商業市場的開放度越來越高，以及人們對於生活品質的追求，人們經過比較，發現競爭帶來的消費利益的紅利非常重要。因此，追求品牌消費的行為就成了商業社會中越來越重要的社會趨勢，也是展現消費心理健康度的重要表現。

當然，對於品牌的擁有者和塑造者來說，要看清商業社會發展的不同階段和不同時期，品牌的作用各不相同，需要歷史性和前瞻性地去看待每個時期品牌建設的機會點。

第一，需求未被激發或供不應求時代，不需要品牌，只需產品。

不管是過去的封建社會，還是後來的市場經濟體制社會，常常處於供不應求狀態，儘管商品也有好壞之分，但好商品更多集中於權力和資源集中的群體；或是追求社會均等，消滅了競爭，使得品牌退為以產品為主的基礎需求。在這兩種環境中，或者需求長期被抑制，或者長期傾斜為特定群體的特權，或者處在機會均等只求生存的狀態，品牌不具備生長的土壤，所有外化的品牌，大多被內化為產品的基礎屬性。

第二，供應趨於充足時代，品牌出現，並伴隨傳播管道的控制進入半競爭階段。

後來，商業社會的進一步開放，商業交易的發展和資本的流通加速，使得社會的部分需求被激發，同時也促進了供應的增加和競爭的開始，逐步地促使品牌在競爭中出現。此時品牌的樹立，往往先入為主，只要控制住供給端，並且能有效地傳達資訊給消費者，那麼便占據了品牌塑造的上風。由於社會資訊管道的限制，品牌方經常以控制傳播管道的方式，進行主動和半強制式的品牌資訊傳遞與品牌塑造工作。

第三，市場經濟及自媒體時代，品牌百花齊放，進入完全競爭階段。

隨著需求市場的多元化和資本市場的蓬勃發展，商業市場走向自由市場經濟時代，競爭將進一步升級，品牌的發展也有了自己的春天。單純的需求和供給因素關係，使得消費市場對商品的認知還存在一定的死角，或者資訊依然不對稱，或者對於資訊的處理和過濾能力依然有限，導致商業社會依然無法得到完全發展。直到自媒體時代，在網路的資訊管道中，資訊傳遞的方式和格局發生質的變革，讓資訊傳播處於無死角狀態，也讓人與人之間以及商品與商品之間建立了幾乎同步的紐帶，消費者可以隨時隨地了解品牌資訊，也可以隨時隨地表達消費感受，這讓品牌資訊沒有時間和空間的界限，被透明公開地展示在大眾面前。所有的產品優勢、資訊優勢和服務掌控優勢都被瞬間瓦解，只有迎合消費者的需求並把自己做得更好才能改變命運。大品牌和小品牌站在同一起跑線，品牌建設和發展出現百花齊放的現象，至此可以說如果沒有其他強制或意外的外力因素，品牌第一次進入完全競爭的階段。

第四，立體資訊及人工智慧時代，逐步由技術引領品牌，轉為服務及故事引領品牌。

我們今天的自媒體時代，在資訊傳播中已經是一次革命性的突破，但受制於技術手段，傳播的應用依然停留在視覺和聽覺兩種方式中。真正的資訊傳播應該是立體的，就是完整地再現，如面對面地親身感受一般，能完整地帶動人類的視覺、聽覺、觸覺、味覺和嗅覺等感官，形成立體的再現。我們相信，這在過去被稱為神技的遐想，在未來隨著科技的發展以及人工智慧的突飛猛進，終有實現的那一天。

於是我們就進入真正的感官行銷時代，不再只是停留在視覺和聽覺的資訊傳輸上。

有了這個技術後，把視覺和聽覺極致化，我們真正地做到所見即所得，遠端地看到接近場景再現的視覺，這樣我們就不再受距離的影響，能夠看到更遙遠的東西，並且身臨其境。

同時再進一步使味覺和嗅覺能被感知，一系列資料的傳輸，讓味覺和嗅覺被資訊化，就如跟我們能遠端感受到這隻雞的味道，也能聞出香水的氣味一樣。從此，美食和花香都能被感知，我們在遙遠的美國也能吃到家鄉菜；站在遙遠的南極，也能輕鬆地感受來自臺灣春天的氣息。

最後，當資料被進一步處理和精細化，接收工具完全仿真，觸覺也被資料傳輸，時代被這一系列的感官資料整合後完全顛覆。從此，我們買衣服可以只從網路管道就可以購買心儀的款式，實體店將被徹底取代；我們甚至可以觸摸衣服的質感並體驗穿在身上的感覺。

立體感官的應用，將會對個人和社會產生很大的影響，屆時將會為我們帶來超乎想像的生活體驗。

當感官資訊的傳輸得以實現後，我們生活的世界將發生很大的改變，我們將能立足地球而縱覽宇宙，隨時以無人飛船的方式去感受任何星球的一切細節，有如我們身臨其境，一覽無餘，人類的生存空間將會被無限放大。

那時，商業社會的品牌又將是另一種格局。品牌將逐步地從以外化的商品為主、內化的精神連接為輔，轉變為以內化的精神連接為主、外化的商品為輔的存在。在這個過程中，技術作為手段，讓物質的商品、服務的行為、消費的故事透過立體的感官塑造和傳播品牌。

第五，社會大同時代，商品品牌消失。

我們反觀人類的歷史，商品皆有從無到有的階段，品牌一樣是一個從無到有的動態過程，那麼商品和品牌是否會在某一天發展到從有到無的終結呢？在理想者的遐想中，人類從個體或小群體的關係發展為社會的關係，從簡單到複雜，從無到有，到最後發展成為從有到無清零的邏輯，似乎也存在這種可能。從原始社會、奴隸社會、封建社會、資本主義社會，再到共產主義的大同社會，成為很多社會學家努力研究和探索的可能。按照邏輯，如果未來的大同社會真的存在，世界按需分配、一切均等、高度文明……人們生活在一個大同的社會中，沒有等級、沒有差異、自覺自律、幸福無比，那麼商業社會將不復存在；同樣地，品牌也將追隨毋須競爭、毋須以差異化去平衡供給和需求關係的存在，消失在高度文明、井然有序的社會中。

只不過，我們無法預知那個社會是否真的會存在。儘管所有人都期待自己能享有那種無比幸福的社會家園，但按照能量守恆定律，按照人類社會天生存在的生存的動力、惰性、欲望等現實因素，按照自然界本身存在著眾多不同、不均和差異的現象來看，那個大同的世界大概只是一種遐想。

Chapter 2
一個品牌在新傳播環境中的定位

為什麼有些小品牌或新品牌在競爭中能取得大成功，而很多大品牌常常突然間消失在人們的視線中？

定位理論曾經紅極一時，在今天這個網路數位化的時代還適用嗎？

大膽地想像，終究要回歸現實的考量；無邊地探索，終究要從腳踏實地入手。不管品牌行銷的過去和未來如何，更重要的還是我們應該看到當下現實環境中的情況，做好現在的事的同時，去尋找贏得未來的可能。

品牌需要透過行銷傳播來完成各項指標的提升，大抵存在以下幾種情況：

第一，好的產品未形成品牌，需要透過傳播將產品資訊輸出給消費者，讓更多人知曉，並逐步透過對其的使用來達成品牌的資產累積。

第二，沒有什麼突出特點的產品、處於行業中相較雷同的產品，需要透過挖掘產品或品牌的差異點，並透過傳播去影響消費者，促使消費者使用，逐步地獲得消費者在某個方面的認知和認同，為品牌產品的研發爭取更多時間。

第三，品牌在自己的陣地表現很好，新進入一個地區或地域，由於消費者使用習慣、文化認知等差異，需要重新有針對性地讓該品牌為當地消費者所了解和識別。

第四，隨時間推移，因為消費者年齡、群體、階層、消費力等的變化，品牌面臨老化風險，需要針對新的環境去做新的升級溝通，以挽回原本的市場和行業地位。

第五，品牌已經占有市場制高點和優勢，是人們心目中推崇的大品牌。但人無完人、金無足赤。在市場的競爭中，行情瞬息萬變、錯綜複雜，經常會一不小心就被市場甩在後面，或者因為自己的惰性、不思進取、不順應市場和時代的需求，使得品牌由強勢淪為二流品牌，漸漸地喪失優勢，要想長期占有消費者的心智以及優勢地位，那麼除了在產品端不斷革新，還需要持續地與消費者溝通，去做「長情的告白」。

第六，品牌各方面表現不錯，只是在不同區域、不同族群或不同文化環境中，消費者對其認知各不相同，阻礙了品牌的發展，因此需要透過溝通，輸出相同的資訊，使得市場具有統一性，並由此形成更長效的品牌資產。

今天的傳播環境，在網路和新媒體為主導的趨勢下，帶動了此消彼長的優勢發展和對決，為品牌的行銷帶來了很大的難題，也帶來了很大的機會。

我們發現，很多品牌還停留在過去的商業模式中而無法適應新的環境，慢慢地被環境所淘汰；也有很多品牌，順應了潮流和趨勢，在短短的時間內，從無到有，並透過自身努力，最終成為商業社會的佼佼者。

我們看到，「蘋果」品牌在經歷了一波三折的發展後，在賈伯斯的帶領下，從一個普通的電腦硬體公司轉變為代表創新的手機品牌，成為「顛覆」和「創新」的代名詞，品牌力扶搖直上，傲視群雄。如今已坐擁兆美元資產，傲立世界最佳品牌榜首。

我們看到，「Facebook」從網路社群服務入手，成為全世界最具影響力的社群平台，使用者超越了任何一個國家或地區的人口，也是在短短十年左右就完成了這一偉大事業。

我們看到，「華碩」以獨特的經營思路，讓產品的生產與消費者連接，提升消費者的參與感，讓品牌有了「從消費者出發」的意識，最後獲得成功。

我們也看到，「好市多」和「家樂福」等超市在全球範圍內持續萎縮，品牌影響力被大幅壓縮，在很多市場中均面臨關閉的境地。

我們也看到，「Nokia」在過去作為手機領域的全球領導者，在很長一段時間占據絕對的優勢，卻在網路時代到來的時候跌倒在自己建立的高台上，從此沒有再爬起來。

數不勝數的鮮活案例見證了這個時代的到來和發展，也反映了過去時代的沒落和終結。

於是，在眾多的成功和失敗中，在眾多的品牌興起和覆滅中，我們開始思索，這個時代的品牌該如何尋找自己的安身立命之本？

過去都從 who、what、where、how 四個維度來判斷品牌自身與消費者的連接，從自身出發去自問：我是誰？我可以做什麼？我在同行中處於什麼樣的水準和實力？我的產品有什麼功能？努力在對自我的反問中尋找自己的定位，也不斷地在定位中挖掘自己的品牌在市場中的差異，這是一個品牌「遺世而獨立」的重要開端。

定位為品牌插上了翅膀

所謂定位，就是從消費者的需求出發，品牌透過整理自我的特點、長處或差異點，去引導和占領消費者的價值認知，並影響消費者購買決策的行為。定位理論誕生在一九七〇年代，彼時美國的經濟活躍、市場繁榮，在商業市場上品牌競爭激烈，同時因為資訊的暴增，消費者的注意力開始被大量分散，或者開始排斥品牌的行銷推廣，此時單純透過廣告來溝通的效率將會越來越低。行銷大師傑克·特勞特和阿爾·里斯提出了定位理論，某種程度上解決了這一品牌行銷的階段性問題。

在之後的很長一段時間，定位理論風靡全球，也在全球範圍內催生了不少成功的案例。汽車領域最為典型。當汽車品牌越來越多，品質和性能越來越接近的時候，單純地比拚產品和服務已經很難再有差異化，於是定位為各個汽車品牌找到了各自的市場價值。「BMW」定位駕駛的樂趣，「賓士」定位乘坐的舒適，「富豪」強調安全，「法拉利」則突出速度。在合理的定位策略下，在紛繁複雜的市場中，眾多品牌都找到了獨特的差異點，找到了自己在消費者心中的位置。

中國品牌「王老吉」，曾經只是一個名不見經傳的小品牌，在廣東有小部分的市場占有率。後來品牌方希望拓展市場空間，便做了市場分析，結果發現，如果把自己定位為健康類傳統涼茶，那麼很容易就處於小眾的地位，對於快速消費品來說，小眾並不是什麼好結果。而如果將其定位為飲料，就很容易與「可口可樂」等主流飲料對立，在沒有任何消費者的基礎上，與國際大品牌競爭顯然沒有任何優勢。這其中最難的是，要在消費者已經形成的消費習慣上去改變他們，簡直如登天般困難。經過品牌方與諮詢公司的研究和分析，從正面的純飲料角度去競爭肯定是不行的，但他們發現，中國消費者（尤其是南方消費者）常常認為身體的某種維生素缺乏、體能不支等的排異反應是中醫理論中所說的一種上火現象，自己作為草本的涼茶飲品，天然就具有這方面的優勢。不過如果從降火的角度看，往往具有功能性或者治療性的特點，這就與飲料的屬性有衝突。針對這一洞察，「王老吉」將自己定位為一種「預防上火」的飲料，並以「怕上火喝王老吉」為溝通主題，開始了全方位的行銷推廣。從零做起，並在二〇〇九年達成了超過人民幣一百五十億元（約新臺幣六百四十億元）的銷售額，成為家喻戶曉的涼茶飲料品牌，在某些地區甚至超越了「可口可樂」，成為三餐必備、顧客忠誠度極高的飲料。

還有一個「腦白金」品牌，只要提到健康食品，或電視廣告，一句「今年過節不收禮，收禮只收腦白金」總會在很多人腦海中浮現。自一九九七年產品上市以來，「腦白金」憑著獨特的定位和強力的行銷，已經銷售二十一年，累計銷售超過四億瓶，堪稱品牌定位和行銷的典範。

「腦白金」產品在上架之前，其創始人史玉柱及其團隊針對中國的市場進行了深入的研究和分析，他們希望針對中老年人的健康食品市場去主打一個品牌和產品。那麼，圍繞中老年群體展開研究和分析發現，睡眠問題一直是困擾中老年人的難題，因失眠而睡眠不足的人比比皆是。據當時資料統計，中國至少有七成的婦女因為各種原因存在睡眠不足的現象，九成的老年人經常睡不好覺。睡眠不足也常常成為健康問題的重要誘因，這是功能的定位。「睡眠」市場如此之大，然而，在健康食品行業信譽度持續下跌之時，腦白金單靠一個「睡眠」概念是不可能迅速崛起的。

於是他們進一步研究發現，老年人的消費觀念、消費能力等因素決定著老年人的購買欲望，要想單獨呼籲老年人自己來消費比較難成功。於是，他們把思路一轉變，轉向了由晚輩向長輩「送禮」的路線，讓年輕人為中老年人消費，也許是更可行的思路。華人每逢佳節、探望親友、參加婚禮、拜訪長輩等，人們均會購買禮物；然而送禮的文化風行常常又使人們陷入一個困局，禮品市場如此之大，選什麼樣的禮物成為一大難題，尤其是送長輩的禮物，更是難上加難。送日常用品可能不太方便，送大型家用產品成本又太高，而送一些進口產品，老年人可能不會用……此時，一個叫「腦白金」的品牌天天出現在電視中，事先已經為老年人設定了有益睡眠的定位，同時還在廣告語中提到了「送禮、收禮」的理念，為年輕人選擇禮物提供了參考，可謂水到渠成，事半功倍。

養生堂藥業有限公司在經歷了健康食品市場的磨練和成功

後，看到了中國飲用水市場的龐大需求，於一九九六年成立了浙江千島湖養生堂飲用水有限公司（現農夫山泉股份有限公司），由此開始拓展飲用水市場。起初該公司向市場銷售的是純淨水，當時市場飲用水品牌林立，該公司經過幾年的經營也無法有更大的突破。儘管此前「農夫山泉」這一品牌在行銷上已經撬動了市場，一句「農夫山泉有點甜」的口號隨著電視廣告深入人心，但掌門人鐘睒睒深知，要有快速的發展，必須在產品和品牌上達成差異化。二〇〇二年，該公司經過多次研究認為，人們飲用天然礦泉水比飲用純淨水對身體更為有利，於是對外宣布放棄此前的產品，全力轉為只生產「弱鹼性天然礦泉水」，同時也把自己的口號轉向「我們是大自然的搬運工」。這一轉型，一方面向市場昭示了自己的全新產品和品牌定位，建立了市場的差異；另一方面，卻是一個撬動他人利益、與行業為敵的爭議行為。在很長一段時間裡，行業中的同類型品牌都對「農夫山泉」的定位理念提出了異議，而「農夫山泉」並沒有因為一時的他人意見而停止自己的步伐，而是堅持把定位落實，不斷提高產品標準。這一堅持就是將近二十年時間，如今「農夫山泉」已經成為瓶裝飲用水的第一品牌，市場占有率超過百分之二十五。近二十年來，「農夫山泉」不斷尋找最好的水源，在生產細節上精益求精，堅持品質，在主業堅持的同時拓展外延，成為一個具有較高信賴度的品牌。

成也定位，敗也定位

事實上，品牌定位是一個比較微妙的概念，有時需要堅持己見，有時又需要見招拆招、隨機應變，總而言之，就是一個需要與時俱進和動態調整的過程。面對不同的時間和環境，定位需要不斷地調整，不同行業的定位也會各有差別。生活必需品，如水、電、煤氣等品牌，其品質、安全和方便是一個永恆的主題；快速消費品比較難有差異化和技術的突破性，因此尋求符合時代的定位差異是一個行銷上的重要手法；耐用消費品和高價值產品需要以不斷提升品質與改善人們的生活方式為己任；但不管怎樣，對於時刻保持創新能力的品牌，其定位如果可以引領時代，終將能夠長期立足於市場。

市場中雖有部分品牌成功地進行了有效定位，但大多數品牌還是處於相對盲目的狀態。尤其是在臺灣的市場上，由於大部分企業對品牌的認知不足，市場需求又相對旺盛，在品牌發展的道路上，其定位總是處於比較沒有頭緒的狀態。

我們發現，在過去的很長時間裡，尤其是在以電視為主要媒體管道的時期，很多品牌特別喜歡為自己下定義，常常會把自己定義為「某某領域領導者」，如廚房電器領導者、開關插座領導者、白酒行業領導者、西裝品牌領導者等。品牌的創始人或者行銷團隊總覺得把厲害的口號喊出去，再透過電視強制灌輸，最後肯定能有好的效果。確實，在品牌匱乏、媒體壟斷、產品選擇較少的時候，以品牌自主式的定位和口號式宣傳也能造成一定的作用；但是，一旦進入網路時代，尤其是自媒體時代，原來的定位策略和宣傳模式效率就會變得越來越低。

新傳播環境中的品牌定位模型

今天，當資訊傳播環境發生改變，從自我出發的視角已經逐漸地失去了原有的效用和活力。資訊的扁平化，讓品牌和消費者的地位發生改變，消費者的主動權和選擇權在資訊透明的環境中占據了主導地位，品牌從主動變為被動，所有的資訊因為自媒體的存在變成了可再生資源，資訊平台和傳播者往往被不由自主地捲入其中。

在這樣的環境下，賽門·斯涅克對成功的品牌和失敗的品牌進行了大量的研究，發現了一個有趣的現象：市場上所謂的非凡品牌和普通品牌實則在行業、人才、代理商、顧問和媒體等多個維度上幾乎沒什麼區別，但兩者的結局和向心力卻截然不同。

普通的品牌在向市場傳遞自我定位的時候，總是按照以自我為中心的出發點去告知消費者：what（我們是做什麼的）、how（我們如何做到的）、why（為什麼我們做得比別人更好）。透過這樣的表述和定位，把自己禁錮在一個現有市場的比較中，只是差異化的改進，而不是一種有效的創新形象。大部分的品牌並不知道自己為什麼要做這個品牌或產品、品牌的目的是什麼、品牌的動機是什麼、品牌的信仰是什麼、品牌為什麼存在以及為誰而存在、為什麼其他人需要在乎這些。

因此，賽門·斯涅克以「蘋果」為例，研究了「蘋果」之所以能成為非凡品牌的重要邏輯。如果是一個普通的電腦品牌，他們將會向人們傳遞：「我們做了一款最棒的電腦。這個電腦設計精美，使用簡單，界面友好。你想要買一台嗎？」而「蘋果」的邏輯卻是：「首先，我們做的每一件事，都是為了創新和突破。我們堅信應該以不同的方式思考。其次，我們挑戰現狀的方式是將產品設計得十分精美，使用簡單，界面友善。最後，我們只是在這個過程中做出了最棒的電腦。你想要買一台嗎？」這樣完全不一樣的定位和思維模式，最終拉開了兩種不同品牌的差距，產生了不一樣的結果。

因此，這樣的現象就逼迫品牌真正以消費者為中心去思考問題。無論在任何時候，品牌主都需要按照 why、how、what 的邏輯維度去行動。我們必須問自己：為什麼我們要做這件事，我們帶著什麼樣的理想和理念？在這樣的環境中，我們能解決消費者哪方面的問題？我們如何解決消費者的問題？所以，我們是什麼？（圖 2.1）

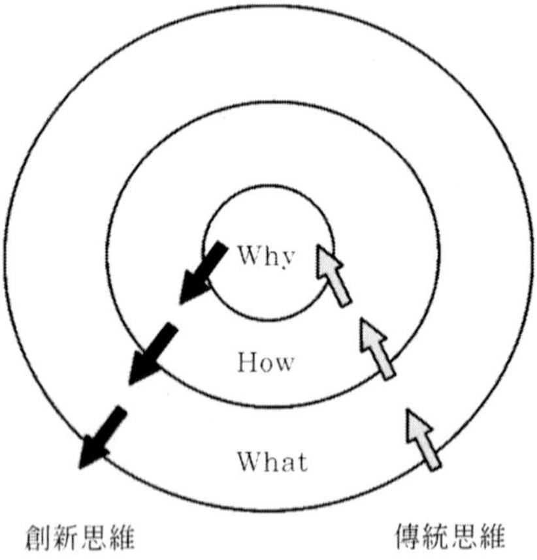

圖 2.1 定位思維的黃金結構模型

之所以有這樣的轉變，是由於大部分品牌常常只看到別的品牌在傳播中的先入為主，認為一個品牌做得好，是因為對方傳播做得好；事實上卻不知道，一個好的品牌傳播，是基於品牌傳播中傳遞資訊的載體的創意比較出眾，能夠打動人心。而單純的好創意，並不是所謂的憑空捏造，而是依託於品牌在與消費者溝通時的良好策略，只有在策略正確的情況下，才能讓創意有的放矢，不至於盲目。我們只有深入地了解消費者和市場的需求，洞察消費者的內心，從消費者角度出發去提供產品、解決問題，才能真正地找到品牌正確的策略方向。

所以，品牌方在品牌行銷過程中應下定決心，不要一味地執著於傳播的本身及其結果，而是應該回歸品牌的定位本身：我帶著什麼樣的理念在服務市場和消費者；我究竟能提供什麼樣的差異化和極致的產品給消費者；在與他們的溝通中，我是否充分地考量了他們的喜好，制定了滿足他們接受習慣的傳播策略；在整個策略中，我們如何找到好的創意方式，並且準備將這些好創意透過怎樣一個合理的內容和管道去進行傳播。過去人們常說的經驗之談「從群眾中來，到群眾中去」，也非常適合今天的品牌定位。

Chapter 3

新環境中的品牌傳播邏輯變化

在傳統媒體時代，有錢的品牌才有傳播力量；在社群媒體時代，懂得傳播才是品牌的關鍵；在這之，品牌的傳播邏輯究竟發生了怎樣的大變化？

一個品牌立足於市場與一個消費者立足於社會一樣，需要時刻處理好來自各方面的關係，哪些維度的關係處理影響著一個品牌成為一個好品牌？

在供給側充足時代，品牌的好壞只造成在競爭中局部優勢的作用，它還受產品本身的品質、銷售通路、傳播管道等維度控制和輸出能力的共同影響。品牌的溝通，往往伴隨主動的傳播管道控制和資訊傳輸主導，知識教育式的培養消費者對於品牌和產品的認知與認同。這個模式的發展，也促進消費者對好壞的認知、對美好生活的嚮往、對未來的期待和對自我權利的啟蒙。

此時傳播管道的控制，主要是由資訊的不夠發達和不對稱決定的，在利益及平台等因素下產生的相對優勢和利益傾斜，被傳播的消費者處於相對弱勢和被動地位，傳播主體處於相對優勢及主動地位。

在市場經濟及自媒體時代，品牌進入完全競爭階段，傳播管道的改變，使原本階梯狀的傳播鏈條變為網狀結構，品牌與消費者由原本的主動與被動地位轉變為同一平台和同等地位。

此階段的品牌傳播，由於其公開性、參與性、社區化、碎片化等特點，打破了原有的市場格局，也改變了傳播邏輯。在「人人是媒體，處處是管道」的情況下，由原來的利益驅使和所有權占有優勢產生的傳播優勢不再是優勢，品牌塑造和傳播處於兩極分化的境地。一方面，塑造品牌越來越難，同時塑造品牌的速度也越來越快；另一方面，破壞品牌越來越容易，同時也讓品牌消亡越來越快。品牌塑造之難在於，當原有的可控因素變成不可控因素，原來的資訊不對稱變成陽光下的展現，你的每一處細節，都處於消費者的目光注視下，大家能清晰地看到你或者一身華麗，或者僅此而已。這就要求品牌方要充分修煉好內功，才能走出去。隨著產品選擇稀缺、資訊不對稱優勢的消失，品牌塑造難度增加，促使品牌需要注重消費者需求，以消費者為中心去思考產品的生產以及資訊的傳播，尋找獨特的優勢，並持續創造新鮮感和認同點，以此來保持品牌的認可度和喜好度。資訊管道的變化和傳播模式的改變，也予以一些新興品牌有利機會，讓品牌塑造更加快速，不受時間和空間的限制，能在較短時間和全世界範圍內成為人們關注的品牌；相反，品牌的破壞也更容易，一個小小的閃失，一條不大不小的負面消息，可以在短時間內危及品牌的生死存亡。

這一切使得品牌的塑造回歸消費的本質，從需求本身出發，去思考消費者需要什麼，他們是誰，喜歡什麼，期待什麼，在哪裡，適合用什麼方式溝通。我們發現，行銷理論的提出經過了幾十年甚至上百年的歷史，在資訊管道變革的今天才真正地實現了品牌塑造和行銷的科學方法論。所以說，這是最好的時代，也是最壞的時代。對於品牌方和消費者都一樣處於相反的好與壞的判斷中。

因此，在新的傳播和溝通環境中，要塑造一個好的品牌，需要處理好幾重關係。

需求與供應的關係

只有在符合需求的條件下給出相對應或超出預期的供應，才是最好的關係。

二〇一〇年開始，經濟和社會的發展，從原本的基本生理需求轉向滿足大眾更高生活品質的要求。不過我們發現，很多品牌並沒有隨市場的需求發生供應的轉變，而是依然停留在原先的普通生產和供應中。當市場發展到二〇一四年，很多品牌受經濟下行壓力的影響，不能維持原有的成長，市場逐步萎縮並到達一個臨界點的時候，這些品牌就慢慢地被大眾所遺忘。而有一些品牌，儘管一開始並不是什麼大品牌，但一直在不斷為市場需求疊代和升級，最後達到一個臨界點，便成為一個被市場廣泛認可的大品牌。

品牌的塑造過程是一個在需求和供應之間建立橋梁的過程，也是一個商業社會的信任建設過程。在商品社會中，供應方以滿足需求方的需求為目的，提供包括產品使用功能、生活方式、情感訴求、審美情趣、產品服務和社會歸屬等各方面的需求滿足，為達到這個需求滿足而努力創造供需雙方溝通、認同的方法與過程，這就是品牌塑造的過程。這個品牌塑造的過程，為需求方提供服務的工作，除了需要長期滿足需求方的要求，還要根據不同族群、不同時間和地點的影響而變化。因此，品牌在服務的提供和品牌的橋梁架設上，總是需要相對應的或超出預期的供應，才能夠長期處於市場的主動地位。

我們發現，在過去十年裡，大量的本土企業在國家 GDP 高速發展、人民生活水準快速提升的過程中，或者因為不適應、沒有趕上社會發展的需求而紛紛潰敗，或者轉行發展不同領域。

有趣的是，一些曾經不怎麼為人所知的品牌，如「Uniqlo」和「無印良品」。「Uniqlo」在短短的十年間快速成為「快時尚」的代名詞，一句「服適人生」在很多都市人心中植入一種品質和實用的新時尚風潮與生活態度。這樣的堅持，自然也為「Uniqlo」創造了很大的財富。在二〇〇八年全球經濟危機中，創始人柳井正一度因為 Uniqlo 業績持續向好，以一百八十億美元（約新臺幣五千四百億元）的個人財富成為日本首富；二〇一八年，「Uniqlo」達到銷售額兩兆日元（約新臺幣五千六百億元），淨利潤一千五百四十八億日元（約新臺幣四百三十三億元），較前一年成長百分之二十九，成為當下服裝界的霸主。同樣是日本的品牌，「無印良品」也以其良好的品質，以其獨特的現代日式簡約的風格征服了大批年輕人，把服飾、家居甚至食品以一種優雅的、自然的格調經營，瞬間就引領了市場，並刷新了其對於東方審美和生活方式的獨特標準。

「李寧」品牌一度成為中國運動品牌的代表，是中國幾乎可以和「Nike」、「愛迪達」兩個國際知名品牌相提並論的品牌產品，甚至在二〇〇八年北京奧運會上，李寧本人還以體育精神的代表點燃了奧運聖火。可惜好景不長，面對庫存的壓力，「李寧」上不敵「愛迪達」和「Nike」，下不及以「安踏」為代表的第三梯隊。品牌方一度認為是「李寧」表現得不夠年輕才導致自己的失利，於是，二〇一〇年決定升級品牌，提出「九〇後李寧」的品牌重塑計畫，只可惜最終還是沒有得到市場的認可。當產品和文化沒有得到市場認可的時候，只是空喊口號和轉變視覺，很多時候並不能改變什麼。反倒是「安踏」，注重實效地在中國三線城市和四線城市耕耘，借用客戶關係管理系統管理市場一線門市，並且及時了解市場需求，針對性地生產產品，積極走品牌推廣結合專業體育的思路來營運，最後品質越來越好，認可度也越來越高，達成了逆襲勝。

兩個品牌的財務報告顯示，「安踏」在二〇一七年的營業收入和利潤分別超過「李寧」兩倍和七倍，也成為第一個市值超過千億元的運動品牌。與此同時，截至二〇一七年上半年，安踏運動科學實驗室擁有授權的專利就超過三百項，其中：發明專利四十二項、實用新型專利七十三項、獲得政府專利審查批准三十二項。二〇一六年「安踏」獲得持久防潑水劑的使用權，並快速將專利研發設計為「雨翼科技」的防水系列，於二〇一七年春／夏季上市，成為中國領先推出非氟防潑水產品的體育品牌。不斷務實地了解和滿足市場，最後成就了今天的「安踏」品牌。

「Nokia」在二〇一四年宣布退出手機市場，其前任執行長 Jorma Ollila 說過：「我們並沒有做錯什麼，但不知道為什麼，我們輸了。」這句話對於很多努力想要塑造品牌但最終失敗的企業主來說肯定很有共鳴，有時候正應了那句話：「當時代拋棄你的時候，連一聲再見都不會說。」事實上，他們缺的正是對市場供求關係的認識和反思，正所謂「環境變了，但很多人還停留在原地」。

近十年，很多國產品牌甚至外資品牌在臺灣的失利，其實是與電子商務的興起有很大關係。它們不知道，電子商務的出現，在短短十年左右的時間裡，改變了市場的供需關係，也改變了整個商業世界的品牌塑造環境。

過去傳統的品牌塑造，都是走「市場洞察→產品生產→品牌塑造→品牌溢價→產品品質提升→品牌升級→更高的品牌溢價」這樣的路徑。一個品牌的誕生，需要經歷非常長的時間，慢慢地、一步步地去滲透市場。主流的做法是，品牌透過市場研究或者創始人自我超強的直覺判斷，找到一個市場機會，創立品牌並生產產品，產品透過各種合適的行銷管道，緊接著在主流媒體上大規模投放廣告，最好可以邀請國內或國際最具知名度的明星擔任代言人，再聘請具有國際頂級大牌從業經驗的設計師、工程師和經理人，在採購或研發品質更好的製造設備和零配件後，不斷研發新產品，最後能夠提高產品品質，最好成為行業的品質標準。這幾乎也是近幾十年來世界各國消費品品牌打造的標準流程。可是電商時代到來的時候，這些方法似乎都瞬間失效了。

電子商務從銷售的管道開始改變，直接去掉了中間環節。原來一個產品需要經歷品牌、廣告、經銷商、零售等各個環節才能到達消費者手裡，現在只需要透過電商平台，直接從品牌方到消費者手裡，就完成了產品的供應。電商直接從中間環節將品牌傳統塑造的梯子抽離，讓原本的模式澈底崩塌，沒有中間環節，讓品牌和產品面對市場，隨之帶給消費者貨真價實的體驗。這個過程中，只有那些品質優良、價格實惠、反應快速、服務到位的品牌能在這場競技中勝出。

小米集團在成立之時，正是手機品牌林立且以「蘋果」為代表的智慧型手機風起雲湧的時代。在被很多手機行業內的前輩告誡手機市場競爭已經達到飽和，已經沒有機會之後，「小米科技」創始人雷軍並沒有退縮，而是經過長期的調查研究，最終找到了一條滿足消費者需求的路線。當所有的手機企業都在拼品牌塑造和產品殺手鐧科技的時候，雷軍發現很多品牌的行銷和產品技術都只是統一的解決方案，很多還只是從品牌自身出發去表現，離消費者比較遠。既然這樣，「小米」就有必要為市場上有自我需求主見的那些愛好者提供一個開發的服務，讓每個人都可以參與進來提出各項要求，然後「小米」為其提供服務，充分提升每個愛好者的參與感和積極性。在產品的價值定位上，以「蘋果」為代表的高級機價格較高，自然市場占有率就有限。但科技本應該以人為本，所以「小米」要做的是品質優異、價格適中的產品。透過網路的方式來做「小米」，最終與消費者非常緊密地連結在一起，獲得了市場的認可。

可見，在新的行銷環境中，品牌若是想要成功，在供求關係中尋求平衡就是一件非常重要的事情。時代在變，市場在變，品牌的塑造和行銷的方式也需要隨市場的變化而變化。

時間與空間的動態變數關係

品牌的傳播不再只是固定模式，而是走向動態模式，其中因時間和空間的不同會有不同，必須充分考量兩者的動態變化和兩者之間的變數關係。

人類社會的發展，始終圍繞著時間和空間不斷地演進。在璀璨的人類文明中，當人們發現了時間和空間的關係，空間總是在不斷更替，或興起、或覆滅，要讓空間在不斷前進的時間中永恆是一件很困難的事情，於是便產生了語言、文字和傳播的各種介質，有些容易傳播，有些容易留存。品牌傳播也一樣，那些輕巧的方式容易帶來空間的覆蓋，如電視、廣播和戶外，而那些厚重的能夠留存的則更能夠達成時間的覆蓋，如泥板、石刻、書籍等。隨著網路的出現，其廣泛的覆蓋特點使得空間被瞬間縮小，全民可以自由地獲取資訊和參與互動，達成了所謂的地球村的空間壓縮。而其內容的可留存性，又完成了很好的時間覆蓋，讓品牌和個人的內容能夠被長久保存，成為一種資產。不過，網路的儲存依然處於一種中心化的狀態，依然存在因過於中心的問題而消失或被篡改的風險，很多學者逐步地也在思考讓網路去中心化，實現分布式的傳播和儲存的可能性，屆時在傳播中的時間將更加穩定，而空間將進一步被壓縮。

在傳播中，也是講求天時、地利、人和的，只有這幾重關係同時具備，才能夠成就一個好的品牌傳播案例，即在對的時間、對的地方和對的市場，去做對的事情。這聽上去極其淺顯的道理，卻常常被很多品牌所忽略。

一個具有季節性的產品，如果反季節進行推廣，效果就不會理想。冬天的衣服，在夏天推廣，肯定不會有人密切注意；夏天的衣服，在冬天傳播，一樣不會有效果。消費者從接收資訊到購買行動的過程需要反覆觸及，但如果遠離消費場景也會很快地被淡忘。

情感屬性和文化場景的關係

依附於時間和空間產生的文化與情感屬性，逐漸成為品牌塑造和傳播中不可或缺的影響因素，不管你的品牌再強大、傳播方法再好，終歸要說屬於消費者的話、做消費者喜歡的事，這話和事好壞的考量，都因消費者的情感屬性和文化場景而決定。

人類社會很有意思的是，因為地域、環境、氣候等因素，最後會形成不同的人種、膚色、語言、習慣和文化，形成各自的差異，又因為這些差異，會導致彼此之間不能相互理解，甚至會起衝突。不同地域的情感表現會有很大的差別，就像是東方人含蓄、西方人直接一樣，大國的民眾比較隨意，小國的民眾比較細膩，於是就有了東方文化、西方文化、宗教文化等各種文化屬性的存在。最後再透過地域變更、人口遷徙、文化交流等因素開始走向溝通、走向統一、走向融合、走向包容和理解。

對品牌的理解和認同也一樣有其強烈的情感屬性和文化差異。不同地方的品牌表達，會得到不同的結果。從品牌的命名開始，經常都會因為情感的認同和文化的差異而產生不一樣的結果。成功的如「賓士」、「BMW」、「富豪」、「TOYOTA」、「多芬」、

「特易購」等，都因善於根據文化差異翻譯品牌名而深受歡迎。當然，也有一些品牌出現過不少的尷尬事件，比如「仙鶴」品牌在東方的文化中是非常吉祥幸福的意思，民眾都能夠接受，但在歐洲，「仙鶴」往往是指「醜陋」的意思，這樣的命名很難在當地受到認同；日產汽車「NISSAN」深受年輕人喜歡，可是這個名字在西班牙語中是「鼻屎」的意思。類似的事情事實上還有很多，這恰好說明了文化有差異。有句老話叫「名正則言順，名不正則言不順」，因此，我們在設計品牌時應注意品牌的目標群體在文化和情感上的差異。

品牌的溝通也需要符合當地人的文化和情感特徵才能夠造成更好的效果，即外來的品牌要進行本土化策略才能長期占領這個市場，這就是所謂的「入鄉隨俗」。曾經的某個化妝品品牌在向消費者傳達美白效果時使用到了「如白雪一樣」的形容詞，但這一形容方式對於赤道國家的人們沒什麼效果，因為對於生活在赤道、沒見過雪的大多數人來說，聯想「雪一樣白」是一件很困難的事情。後來品牌方轉換在地化思路，描述美白效果為「像椰肉一樣白」，當地人瞬間就有了認知。

就算是本地的品牌，要占有市場，同樣要理解不同消費群體的結構文化和喜好，才能夠獲得相應的認同。同樣的市場，隨著時間的推移、經濟的發展、年齡的差異、不同的行業等各類因素的變化而形成不一樣的消費習慣和結構文化。很多本土品牌就是因為缺失對消費者變化的洞察和自我改變，不能與時俱進，逐漸被市場淘汰。

品牌塑造與銷售的關係

品牌塑造與銷售的關係，是一個既辯證又統一的關係。從品牌的視角出發，品牌塑造的整個過程，目的是獲得市場的更高認可，只有獲得了市場的認可才能銷售更多的產品，獲得更高的利潤。但從銷售的視角看，往往是銷售目標沒有達成，也就沒有更多的利潤，品牌就沒有足夠多的塑造資本。就像是先有雞還是先有蛋的問題，困擾著很多品牌參與方。

在過去的傳統市場經營模式下，品牌的塑造需要經歷階梯式的逐步發展才能得到市場的認同，並在競爭中獲得優勢。但是在今天的市場環境中，那種紛繁複雜的資訊環境和去中間環節的銷售環境，打破了原有的規則。一個大品牌不繼續做或者做不好品牌塑造與傳播，有可能不經意間就被市場遺忘；一個小品牌，也有可能因做好了塑造和傳播而迅速地崛起。

不過，不管時代怎麼變化，品牌的時間沉澱和考驗終究不是一蹴而就的事情，那些靠著行銷而快速獲得知名度的品牌，並不能説明它們在獲得知名度之後就成為好品牌了。品牌的塑造是建立滿足需求、塑造風格和印象、製造知名度、提升認知度、維護美譽度和忠誠度的立體的過程。在完成生意模型、需求定位和風格塑造的商業策略後，進入推廣和傳播階段，最後進行品牌經營的長期過程，如果沒有商業策略的基本點，後續傳播和推廣就是空中樓閣，而傳播和推廣只能解決知名度的問題，真正的塑造和經營還需要靠消費經驗和回饋，最終形成美好印象，並持續正向溝通。

只是今天的品牌塑造模式已不再是原來遞進式的做法，市場並不會給品牌方一步接一步慢慢來的機會，很多事情幾乎都是同步進行，各個維度的工作互相交織，講求以消費者為中心，只有綜合維度滿足市場的需求，才能夠擁有持續塑造品牌的機會。當一個品牌能夠滿足需求並且善於溝通時，就能獲得相應的機會，而獲得機會以後還要長期保持與時俱進的疊代精神，才能夠長期保持品牌延續的機會去完成一次次的殘酷蛻變。

不過，在市場中，大部分人理解的品牌行銷主要是指品牌的推廣和傳播，但如果脫離了好的產品的行銷，也就脫離了本質；同樣，有好的產品，也有好的行銷，只注重短期效應，充其量只是一種銷售行為，還達不到真正的品牌行銷，只有長期、深度經營的品牌，才能夠最終成為「品牌」。

產品透過傳播獲取關注和知名度並產生了消費，一方面說明這類產品在市場中有需求；另一方面說明有一群勇於嘗試的消費者總是願意去體驗新事物，他們因為好奇心消費了產品，但並不代表他們就認可了這個品牌，也不一定會成為這個品牌的粉絲。只有在消費過程中持續滿足他們的需求，或者超出他們的需求和想像，才能夠使之有進一步的行動。

消費者消費一個品牌的產品，除了與產品自身的影響力、產品價值（產品的實用價值和社會價值，也指實物功用價值和心理價值）有關，還和產品的價格息息相關。根據查理·孟格的經濟學理論可知，價格與需求常常成反比的關係，即價格越高，需求就越少；反之則越多。但在品牌行銷的範疇，這個經濟學的利潤常常顯得無法解釋。「LV」和「勞力士」等奢侈品的發展史讓我們看到了另一種市場現象。在早期，「LV」和「勞力士」並不是什麼大品牌，市場需求量反應平平，一個「LV」包包正常售價一兩百美元（約新臺幣三千到六千元），一條「勞力士」手錶售價九百美元（約新臺幣兩萬七千元），隨著價格不斷提升，需求越來越高，一個包包可以賣兩萬美元（約新臺幣六十萬元），一條手錶賣到了八萬美元（約新臺幣兩百四十一萬）乃至更高，瞬間市場需求旺盛，甚至供不應求。曾經一段時間，「勞力士」手錶在香港蔚為風靡，以至於在當地流行這麼一句話:「你不戴『勞力士』手錶，別人不會看不起你，別人是根本看不見你。」在日常的消費品中，物品的價格常常是消費者考量的重要因素之一；而在奢侈品中，品牌力和產品的價值則是重要的考量因素。

對於很多人來説，選擇某一品牌並不光是看中其品質，最重要的還要能滿足自我消費能力、經濟實力和社會身分的心理需求。

品牌的塑造除了單純地去創造影響力外，更重要的是要提升產品的價值，滿足於基本使用功能的實用價值之上。價格越高的產品越需要去滿足消費者作為一個社會個體所賦予的社會心理價值需求；同樣，越是滿足消費者產品基礎實用價值之外的心理需求的品牌，也越能被消費者接受更高的產品溢價。

這個心理價值，包含了馬斯洛需求層次理論中的社會情感和歸屬、尊重及自我的實現。在網路時代，隨著資訊越來越透明化，年輕人的審美和品位也在快速提升，超越了上一輩人的眼界和習慣，消費能力和消費習慣也在發生相應的改變。

隨著網路的興起，尤其是社群媒體的普及，打破了資訊的管道和媒介的壁壘，經濟的發展和國際的交流在一段時間內迅速提升，使得一些原本有消費能力卻不知道該如何消費的族群有了更多機會去看看世界、開拓眼界，這些都促使成長起來的年輕消費者的消費觀念、審美等發生改變，消費心理更回歸到自我的內涵和品味的表達，也願意為認同的東西支付更高溢價。

近些年，那些追隨這個潮流去改變的品牌，都紛紛朝著品牌的年輕化升級努力，其中不乏成功者；那些沒有跟上這一趨勢的上一個品牌發展週期的品牌，都陸陸續續地淡出了消費者的視線。

品牌塑造的進程中，銷售的好壞是一種產品獲取使用者的展現，同時也是品牌塑造結果的綜合展現，包含了產品滿足不同時間段市場的功能需求和社會心理需求、品牌的行銷推廣等因素，也包含適應時間因素所帶來的差異化表現所形成的經歷和沉澱。

Chapter4
新環境中的品牌傳播原理

了解了品牌行銷的因果關係，我們知道品牌的原理以及品牌塑造的條件；同樣地，品牌行銷很重要的一個工作是傳播。但隨著品牌傳播環境的變化，我們需要去探究，在新媒體環境中品牌的傳播原理都有哪些不一樣的轉變。

了解了品牌行銷的因果關係，我們知道品牌的原理以及品牌塑造的條件；同樣地，品牌的行銷很重要的一個工作是傳播。

但隨著品牌傳播環境的變化，我們需要去探究，在新媒體環境中品牌的傳播原理都有哪些不一樣的轉變。

新媒體的出現，以及由社群化的基因帶來的傳播邏輯變化，尤其是傳統網路到新媒體的轉變，催生著各方面都在發生改變。行為、思維、習慣、性格、價值觀和世界觀，通通正在被改變。

這些改變，第一次使得作為消費者的主體開始有了不一樣的權利。可以說是一種意識的覺醒，也是一種權利的回歸。

這是新媒體的力量，它的定義就是 UGC 和 GGC，新媒體主要是圍繞這兩股力量在推進和產生化學效應。

UGC 即使用者自主創造內容和自主傳播內容，是網路發展為新媒體的一種重要的方式，其主體是普通的使用者，讓每個人都成為資訊的創造者，也稱為傳播的媒體管道之一。在這個方式和機制下，促成了消費者成為資訊傳播的主宰者。儘管使用者可以輕鬆地參與內容的創造和傳播，都有機會參與社會的變革和發展，但真正引領資訊傳播的往往是特定的族群，即菁英或者意見領袖，他們有更強的內容和資訊創造能力，也更具影響力。因此，往往是由他們在引領資訊傳播的發展，這就是新媒體環境中的 GGC 特點。

在 UGC 和 GGC 發展的新媒體環境中，除了我們看到的傳播主體、傳播管道、傳播方式等方面的改變，也讓緊跟時代的品牌看到了新的機會，只要迎合消費者的特點和喜好去締造傳播資訊，再進行合理的傳播，往往能夠造成意想不到的傳播效果，既節省了大量資源，也造成了更加快速的作用。這就是過去很多品牌不敢想像的正向變化。

同樣，在傳播的路徑上也發生了較大的轉變，以前都是品牌方借助媒體將產品透過廣告強勢地傳遞給消費者就可以了，省時省事。現在不行了，品牌要觸及消費者，首先要找到他們所在的新媒體，以他們感興趣的方式獲取他們的關注。

品牌的行銷模型也會發生很大轉變。品牌常常希望把產品、品牌、服務、管道等一堆東西很直接地推給消費者，但消費者不是那種思維模式。他們在意的是你的產品好不好看？好不好用？口碑如何？他們是一種較為草根的思維邏輯。為什麼「小米」手機會被人關注？就是因為「小米」創造了一些讓消費者覺得有溫度、有興趣的注意點。透過社群媒體，消費者很容易找到感興趣的產品以及了解產品的好與不好。另外就是我們要透過數位化的行銷，把產品中過硬的內容轉化成消費者的一些喜好，這個轉化無非是以下幾重意思：

第一，他們有資訊的獲取需求；

第二，他們會有相應的感官享受；

第三，他們希望交流；

第四，他們希望自我實現。

在消費者層面，他們要接受這種資訊的轉化，品牌方其實是做了以下幾種行為：

第一，資訊獲取很明顯，品牌方給予他們實用的、有價值的且想要了解的資訊。

第二，品牌方用了怎樣一種方式讓他們從感官上得到不同的享受，或感人、或震撼、或驚豔、或離奇、或幽默，這個就跟電影一樣。

第三，有些品牌可以跟消費者交流，而有些品牌卻很難做到。品牌跟消費者交流，某種程度上來說是一個偽命題。所以在這一塊上，我們可以建立一些粉絲專頁，找出粉絲中較為活躍的人，讓其去帶動整個結構。

第四，消費者若要自我實現，這個產品就得為自己帶來自豪感。例如「我知道這個產品什麼時候上市」、「我比別人更熟悉這個產品的優勢與劣勢」等。其次，自我實現就是消費者透過跟品牌的互動，除了自豪感以外，還能獲得哪些報酬。這些是我認為我們做的數位行銷跟以往的行銷相比不太一樣的地方。

所以綜合來看，所有的品牌行銷，就是解決資訊獲取、感官享受、交流需求和自我實現的過程。只要能正確地認識這四個方法論，並在合適的環境和方法下進行品牌行銷，將會讓品牌的各方面有長足的發展。

資訊獲取和傳遞的發展及困局

所有人都天然地具有資訊獲取和傳遞的需求，每個人從出生之日起便開始獲取資訊，觀察世界，學習知識。人類自出現以來，也不斷地抱著對世界的好奇，進行著資訊的獲取和彼此的傳遞，只是在不同的時代和環境，所需獲取和傳遞的資訊內容與方式各不相同。資訊的獲取是學習和知識的累積，資訊的傳遞是交流和溝通的方式。人類依靠動作、表情、語言、文字、圖片、影片等多種方式傳遞資訊和獲取資訊，在這個過程中，傳播的介質也陸續出現了面對面口頭傳遞、書籍、報紙、雜誌、電視、戶外、廣播和網路等管道的發展。

不論什麼方式和管道，人們在資訊獲取和傳遞上都努力地追求真實性、實用性、有效性、便利性、有趣性等特點，都以資訊的獲取和傳遞的價值為原則。

過去人們對於資訊的獲取和傳遞往往伴隨著資訊源的控制和傳輸管道的控制，以垂直階梯狀的方式傳播資訊，傳播機構或管道往往成為強而有力的專屬機器。此類資訊傳遞的效率相對較低，個人、機構或品牌向接收方傳遞資訊的過程以逐級方式為主，如果誰能控制覆蓋面更廣的優勢管道，便能更廣泛地傳遞資訊。這就催使大量權力和資本介入資訊流通領域，以控制資訊管道作為資訊獲取和傳遞的重要手段。因為資訊管道的優勢被掌握，消費者處於弱勢地位，接收資訊的行為處於被動狀態。

紙張和印刷術的出現與發展，使得古代的資訊傳播由原來被安排的、區域性的、緩慢的節奏變得迅速起來，甚至影響了整個世界的文明進程，促進了文藝復興。

廣播曾經引領了一個時代，大大增強了資訊傳播的速度和廣度，成為國家或軍隊宣傳的重要工具。

電視這種相對立體的傳播管道一出現，便占據了絕對的優勢，吸引著無數資訊的接收者，傳播者被大量征服，這也成為工業文明發展和發達的重要標誌之一。作為最直觀的一種傳播方式，只要控制了，便能夠贏得輿論的風口。

過去每一次資訊傳播方式的革新，都伴隨著相應的社會變革，由於控制資訊傳播管道可以占有變革的優勢，因此，使得資訊管道常常淪為相關利益方的工具。

直到網路時代新媒體的出現和蓬勃發展，才使得資訊的獲取和傳播出現了繼文藝復興之後的又一次資訊革命和思想革命。

從入口網站到社群媒體，普通民眾第一次站在資訊傳播的源頭和管道上，以資訊的創造者和傳播者的姿態出現在世人面前。

這個資訊的變革，除了是資訊傳遞方式的改變以外，還從很大程度上改變了整個社會的組織結構，至少是資訊社會的組織結構。原本自上而下的垂直組織結構，自此變為網狀的結構，固有的組織被打破，取而代之的是每個人都是資訊傳播裡的重要一環，從理論上和實際上都可以實現每個傳播主體與資訊內容的創造者直接對話，達到了資訊自生狀態，組織也實現了自我組織的過程。

因為自我組織，所以往往也表現為沒有組織，但因為網路社群媒體透過興趣、愛好、特點、地域等因素始終在網路空間中維繫著他們，自我組織從沒有組織變為沒有組織的組織。

我們看到，這些自我組織分別在不同的網路自然因素的維繫下，以幾人、幾十人、幾百人、幾千人等不同群體在不同標籤下存在，因為相應的人、事、物而表現自我的正向、反向或中性的觀點和行動，展現出了非同一般的力量。因為這些資訊的傳遞力量之大，很容易便將相應的人、事、物的好或壞迅速地推向一個過去不敢想像的高點或低點，一雙看不見的無形的手，就這樣展現出了無窮的力量，這就是無組織的組織的力量。

「小米」手機在籌建和發展中，找到了一條依靠廣大消費者的道路，最終成為年輕人喜愛的熱門手機品牌。在手機研發階段，「小米」便借用社區的力量，大量徵集消費者對於手機的需求和意見，並且邀請消費者參與研發和生產，使他們具有全方位的參與感，並且自發地成為「小米」手機的消費者和傳播者，最後又因為貼近生活的人性化設計和功能，讓「小米」手機在同行中脫穎而出，短短幾年便成長為行業中的霸主。

這種無組織的組織的力量，除了對資訊的產生和傳遞方式造成了很大的革新，也同樣因為其公開性、透明性，正在不斷地改變著社會行為。正如過去秦始皇「書同文，車同軌」的決策一樣，社群媒體的出現和發展，也從資訊的根本上改變了整個社會的文明進程。

(1) 因為這個組織，也使得我們真正地能夠睜開眼睛去看世界。過去因為不同的經濟條件、教育背景，每個人的文化素養各有差異。破壞規則、隨地吐痰、損害他人權益、破壞環境等現象屢見不鮮，但隨著資訊管道的變化，人們透過這個管道第一次清楚地看到了全世界的樣貌，每個人的行為都被展現在大庭廣眾之下，這促使民眾的行為有了一個教育窗口。人們的行為隨著經濟的發展呈現了正向的發展。也讓更多人明白了自己在人生中努力的方向，即朝著那些美好的方向發展，就是最好的發展。

(2) 這個資訊生產和傳遞的環境，也在改變著很多人的生活習慣。當我們可以隨時隨地獲取來自全世界的資訊，並隨時可以與所有人交流的時候，我們就像面對著一個資訊的瀑布，大量的資訊向你撲面而來，你的習慣也開始受到各種改變。原來在資訊匱乏的時候，每個人需要去尋找資訊，但今天你面臨的是在資訊包圍中選擇資訊。消費者也可以直接透過相應的管道與任何個人或集體對話，達到多維度的溝通，真正做到「我想要的現在就要」的即時性。所以資訊不再是奢侈品，反倒變成快速消費品，促使人們很快地接收資訊，也很快地過濾和忘掉資訊。品牌在面向消費者的傳播中，門檻低且難度大，在海量資訊中，想要讓消費者記住，往往使出渾身解數也未能達到期望的效果。過去的品牌行銷，一個漂亮的案例往往能被談論好多年，甚至成為一個行銷公司起死回生或走向輝煌的契機；今天的環境，已經不再可能會發生此事，所有的資訊都被快速流轉，無形中增加了「記住」的成本。從知名度到認知度再到美譽度和忠誠度，要想面面俱到，可謂難上加難。

(3) 因為這個變化，民眾在資訊獲取中也逐漸走向了性格的變化。每天在資訊爆炸式的環境中被各種資訊沖刷，無論是好的還是壞的，尤其是藉由新媒體帶來的大量利益誘惑式的資訊，如成功學、投資學、情感類等資訊以極大的誘惑性刺激著人們，加劇了人們在性格上產生的變化。當國民的性格變化，也就意味著消費的性格發生轉變，消費將朝著極具便利性和極具品質化兩極發展：或者你滿足我簡單直接快速獲得的需求，可以快速讓我得到消費或服務；或者你滿足我高級奢侈的需求，可以讓我節省時間沒有後顧之憂；而介於兩者之間的商品，往往難以生存。

這些改變，從很大程度上撕裂了原有的資訊社會化格局，讓資訊從原本處於比較簡單的垂直傳播狀態和環境中發生轉變，從垂直的單方相對有序的形態中突然走向了一種無序的狀態，而資訊的無序發展，帶來的卻是一股讓現實社會走向有序的力量。在有序的環境中，一切都按部就班，商業的機會趨於成熟和飽和；而在無序和混序中，儘管處於比較混亂和困難的階段，卻也是品牌建立的機會。

新媒體的發展，使得資訊的獲取和傳遞有了質的變化與飛躍。但這個發展至今還只是一個啟蒙和初始階段，也始終因為社會和區域特點要在發展過程中面臨各種困難。

首先，新媒體的發展展現了開放的紅利，但目前仍處於一個無序的狀態，資訊傳遞價值沒有一個有效的標準來衡量。我們都知道，物以稀為貴，資訊的價值也一樣，但凡那些稀缺的、私密的資訊往往更具有價值。在新媒體的發展過程中，因為其海量的資訊，導致資訊因為量的龐大而顯得不值錢；而有價值的資訊，往往被埋在大量無效資訊中無法被尋找，也缺少衡量的標準。

其次，資訊的管道因為各種複雜關係使其處於半開放狀態。資訊的平台長期以來存在這種不開放的現象，某種程度上是在逆潮流趨勢而動，阻礙了資訊傳播事業的發展，而這種現象將會有一部分相對長期地存在。只有真正地達成了跨平台的兼容和傳遞，才能使資訊的傳播發展提升到一個新的高度。

再次，大數據的相互阻隔及研究使用程度依然存在不少問題。自從有了資訊，就有了資料，而直到電腦的發展，才真正意義上開始了大數據的進程。但今天的網路資訊管道間，一方面本著自身利益出發，從一開始不知道資料何用，到現在資料只為自己所用，彼此沒有達到共享，而沒有達到資料的共享，又使得資料源相互獨立、資料量較小，最後失去大數據所能產生的使用優勢和價值。另一方面，在資料的研究和使用方法上，由於大多是在各自的小圈子中使用，也使資料的客觀性存在相應問題，並且使得資料依然只是資料，無法很好地轉化成生產力。這些問題，使得大數據在某種程度上變成了行銷的偽命題。真正的大數據，是基於資料的基礎去看到資料背後之人的行為、習慣、喜好等特點，資料的量越大，意味著其精確性越高，資料的行動越快，則使得資料產生的價值越高。就像貨幣一般，當相應的貨幣被發行後，為了實現增值，需要驅使貨幣快速流轉，流轉速度越快，其產生的價值就越高。因此，只有達到資料的真正共享、使用方法，進一步提升速度，才能進一步說明資訊的傳播有了較大的進步。

最後，資訊的安全性成為未來資訊生態發展的重要挑戰。在過去很長一段時間裡，市場規則還不夠健全、民眾意識還不夠強，導致大多數人沒有隱私，對智慧財產權的保護也不夠重視，好在政府在不斷加強立法立規的同時，也加強了人們自我保護的意識。

感官行銷的蓬勃發展和未來前瞻

我們說到感官享受，無疑是消費者非常看重的一個環節。在品牌的行銷中，消費者除了希望獲得有價值的資訊，又在技術的發展基礎上有了更高的要求，就是希望有感官方面的享受。過去品牌只需要告知消費者產品的功能和好處就可以了，現在資訊瀑布時代，也是品牌競爭空前激烈的時期，使用者已經不再只停留在純資訊的獲取上，更希望有不一樣的感官滿足。

那麼，什麼是感官呢？所謂感官，就是我們所熟知的視覺、聽覺、觸覺、嗅覺和味覺。

現代生理學、心理學的研究證明，在人們接收的外界資訊中，百分之八十三以上透過視覺，百分之十一要借助聽覺，百分之三點五依賴於觸覺，其餘的則源於味覺和嗅覺。

今天的數位技術，更主要還是停留在視覺和聽覺這兩種重要的感官上，透過文字、圖片、聲音、影片、技術等方式讓人們感受到相應的資訊，這些資訊帶動聽覺和視覺的感受，便成為時下比較重要的品牌行銷方式之一。

身為一種具有立體感官的動物，人在感官方面的需求和滿足始終沒有停止，滿足這些需求的方式我們稱之為內容。過去資訊匱乏時，能夠表達自己感情和感受的內容被人們孜孜以求，努力創造；後來在資訊爆炸的時代，有效的資訊依然有限，而那些能夠成為被獲取的有效資訊，往往透過內容的表現來達成，這些好的內容依然很有限，甚至比資訊匱乏時代更加稀缺。例如，原本的資訊量是一百條，有效內容是一條，尋找起來和接收起來相對簡單；當今天資訊量達到十萬條，有效內容估計有兩條，雖然有效內容量增加了，但在海量的資料中，其篩選的難度就變得越來越高。此時，好內容的稀缺性陡然增加，於是要滿足消費者的感官需求，去觸及他們並且影響他們，就顯得更加困難。若我們真正能在這海量的資訊中創造具備影響力的內容，也往往能在行銷較量中勝出。我們把這一現象稱為內容相對稀缺現象，把這個亟須內容的時代稱為內容為王時代。

在新媒體時代，內容的呈現形式顯得豐富多彩。一段文字、一張圖片、一篇文稿、一段影片、一首歌曲、一個互動技術都是內容，而每一種形式都會因為不同的水準而展現出不同的打動力和影響力。

這些內容，分別從實用、即時、有趣、獵奇、感動、驚豔、傷心、生氣等不同維度去帶動人們的五感、七情和六慾。最後表現為人的正面的感受、中性的感受或者負面的感受。

對於品牌來說，主要是以正面的感受和中性的感受為落腳點去影響消費者，以達成消費者對品牌產生好感的目的。

1. 對於品牌來説，什麼樣的內容才能稱為好內容

一是能迎合消費者的喜好。

我們説，品牌的行銷需要迎合消費者的需求去制定相應的策略、明確自己的定位、進行合理的行銷推廣行為、提供符合預期甚至超出預期的服務。同樣地，在行銷過程中，與消費者的溝通很重要的一部分是透過品牌輸出好的內容，而這些好的內容很重要的標準就是是否滿足消費者的需求以及是否能夠迎合消費者的喜好。消費者對品牌的認同和對品牌與之溝通的內容的喜好，與他們的資訊接收和消化程度有相關關係。早期大部分人的資訊管道比較有限，消費者追求簡單直接地傳遞品牌利益點，後來競爭激烈，選擇多樣，很快他們已經不能滿足單純的直接資訊的品牌傳遞，更追求創意式、差異化的接收訊息。此時的內容應圍繞消費者自身的需求、特點、文化等因素進行創造，以力求滿足他們在感官上的喜好為出發點。

二是能滿足或引領時代的審美標準。

在滿足喜好的多維度基礎上，內容的呈現和資訊的傳遞也需要滿足或者引領這個時代的審美情趣與審美標準。

審美是一種時代的視覺感官表現，在不同的時代和不同的文化環境下有著不一樣的表現方式。自從人類懂得比較和選擇，大抵就開始判斷美了，經歷幾千年的變化，從柏拉圖等一系列哲人開始，到近現代的美學家、藝術家，有無數的人試圖創立學

說、設定標準，但都未能完好地詮釋美的概念。在一個固定的時間和地點看不同的群體，總是有不一樣的審美習慣，無論是對物體的喜愛，還是對人的欣賞，均因人而異，正所謂「青菜蘿蔔各有所愛」。品牌是現代社會審美的重要載體，也是審美的重要推動力量。而進入網路自媒體時代，當人人都有機會獲取全球最及時的資訊時，審美才在真正意義上得到了全方位的釋放，年輕人透過媒體進行比較、學習和創造，結合東西方文化，逐漸形成東西方結合的現代審美。這個審美的變化是一種資訊的開放兼容並蓄的結果，也是經濟發展的結果，經濟基礎決定上層建築。西方的審美代表著工業化時代的精神表現，而東方的現代審美可能預示著後工業時代自然的詮釋。此時的品牌作為一種時代精神的載體，原本是引領消費者的審美情趣，因為網路，因為更多的體驗和感知逐漸被消費者同步或超越。新的品牌行銷內容創造如果還停留在原有的審美觀點上創作，顯然不能滿足消費者的時代審美需求，就會被認為是過時或老土；反之，如果在審美上太過前衛則會變成另類，不容易被接受或變成小眾。因此，在審美上，品牌的內容溝通要努力滿足消費者的需求，或者能夠持續地引領消費者的需求，如此才能夠贏得市場，少一步則不足，多一步則不適，保持長期引領半步的節奏，就是最好的定位。

三是能帶動消費者的正面感官。

品牌行銷的內容創造和溝通，不管在內容呈現上如何博人眼球，回到品牌本身的時候，內容最終能否帶動消費者的正面感官成為很重要的標準。

有些品牌在內容創造過程中沒有考量一個區域的民族情感和

文化習慣，而傷害了當地消費者的感情，最後的結果就是品牌不被當地消費者接受。

也有一些品牌，為了短暫的眼球效應，經常放棄堅守自己的底線，不是在內容上提供給消費者更多美好的體驗，而是不惜採取醜陋、負面等手段，最後並沒有得到更多的品牌良好的沉澱，成為消費者眼中反面的記憶素材。這些品牌內容，都是不成功的品牌內容，或者長遠看不會是占據消費者正面心智的品牌。一個品牌如果想贏得消費者的喜好和信賴，必然在其對外溝通的內容上始終努力去傳遞感動的、積極的、美好的、快樂的各種正面資訊和觀點，透過這些好的內容去帶動消費者的正面感官，才能成為好的溝通內容。

四是能建立品牌或產品與消費者的有效資訊連結。

我們知道，好的品牌的行銷內容要努力去迎合消費者的喜好，除了滿足消費者的審美，也要能帶動消費者的正面感官。

既然是品牌的溝通內容，就需要努力將品牌及產品的資訊和理念傳遞出去，並且被消費者記住，這才是最好的結果。如果品牌傳播之後，所傳播的內容不能促使消費者獲得有效的資訊，便是一次比較失敗的溝通。因此，品牌透過內容來行銷和傳播的好壞，除了滿足消費者的喜好，更重要的標準是，品牌的有效資訊能否被準確並且正面地傳達。

2. 當下市場環境的行銷內容需要找到適合的承載管道

一是文字形態管道：包含論壇、FB 粉絲專頁、LINE 官方帳號、電商評論、問答平台、新聞媒體等類型，以文字為主要內容資訊，進行文字型傳播。

二是圖片形態管道：包含網路平面圖（論壇、LINE、FB 等平面內容）、戶外廣告平面圖、GIF 動態平面圖、圖片新聞網站、雜誌、IG 等類型，以圖片為主要內容資訊，以圖片與文字組合的方式進行傳播。

三是聲音形態管道：包含廣播、Podcast 網站、錄音平台、音樂平台，以及可承載聲音內容的綜合類平台，透過聲音內容的形式傳遞資訊。

四是影片形態管道：包含各類電視平台、電影平台、影片網站、直播網站、影片互動網站，以及其他可承載影片的綜合類平台，透過影片的形式傳播相對複雜的資訊。影片作為一種聲音、圖片、文字、光影相結合的形式，具有較強感染力，能夠很好地帶動視覺和聽覺兩個重要的感官，能更加有效地增加人們的記憶。

五是技術形態管道：包含為傳播所開發的技術型資訊管道，如遊戲、APP、HTML5、搜尋引擎等平台和形式，基於技術開發的基礎傳播的內容資訊，可完成組合文字、圖片、影片、聲音等形態。但由於受限於網路的頻寬、速度、平台的資訊不共享等問題，技術形態的傳播相對困難，往往需要借助其他平台為載體，難以實現有效的直接傳播。

3. 內容該如何創造才能具有影響力，才能有效地傳遞品牌

資訊

這裡的內容指的是那些符合消費者喜好，並且能夠從品牌利益出發正向影響消費者的內容。要建立品牌與消費者的連結，往往受時間、地點、人物、文化、消費習慣和消費力等維度的綜合影響。

消費者的喜好，往往因為時間的變化而變化，十年前喜歡的東西和現在喜歡的東西肯定不一樣；世界這麼大，不同國家的文化和習慣都有很大的區別；而不同年齡、不同職業的人，對事物的看法也千差萬別；不同的文化背景，常常決定著人們對於事物的看法和喜好；就算各種因素都相對接近，最後也會因為消費能力的不同，產生消費行為的差異。

4. 創造好的內容需要仰賴的必要條件

創造好的內容，是一個綜合的考量結果，需要考量影響消費者喜好的各種變數。

一是內容的創造需要建立在充分的消費者洞察基礎上。

在創造內容之前，應該有一個複雜的消費者洞察工作，才能夠找到消費者的痛點和關注點，讓內容的創意和創作有的放矢。消費者的洞察，則需要綜合地考量包括年齡、性別、教育、職業、收入、消費水準、行業、文化、地域和習慣等各類因素。在相應的關係因素的基礎上，從品牌所能輸出的或希望讓消費者認知的溝通點出發，去尋找最容易引起共鳴的利益點和品牌的結合點。這樣的消費者洞察，才是價值最大化的手段。

二是內容的創造要符合品牌行銷的整體策略及品牌資訊連結價值。

建立在消費者洞察基礎上的內容創造，與整個行銷一樣需要有相應的策略工作。單純地思考消費者洞察，沒有策略邏輯的內容創造，充其量只是點子，不能算是創意。好的創意需要具備深刻的策略思維，能知道消費者和市場的喜好與口味，能懂得思考是什麼、為什麼思考、應怎樣去思考的思考模式，充分地尋求策略的準確性，再去進行內容上的創作；並且在有策略邏輯的基礎上，也需要落到品牌資訊的連結上，才能夠有的放矢、合情合理。

行銷行業中，我們經常會發現，很多品牌或內容創作者或者陷入一種不了解消費者的自說自話而產生的尷尬，使消費者覺得莫名其妙，說的不是消費者想聽的，「老王賣瓜」式的行銷模式；或者為了迎合消費者喜好而使得行銷手段過於濫情，內容的結果似乎都與品牌沒有關係，把一個品牌的行為變成了一個公益的行為。這就是沒有充分地制定整體策略和落實品牌資訊連結的反面結果。

三是內容的創造要充分發揮創意的靈活性。

內容創造的過程，也就是創意的過程。如何創作出符合當下消費者喜好的內容是一個比較大的考驗。廣告的創意和創作的過程需要經歷很多階段，每一個階段的不同特點都充分地讓我們感受到：創意是一個動態的過程。

在廣告的啟蒙和發展的早期階段，由於資訊稀缺、媒體有限、消費者資訊接觸量較少，廣告內容往往比較單一。只要品牌和創作者製作一組平面圖，將其設計得比較有特點，便能夠引起觀眾的駐足甚至媒體和社會的強烈反響。那時的設計師或企劃是一門非常吃香的職業，俗稱為大師。

後來在媒體形式比較豐富、品牌行銷比較成熟的時候，品牌行銷的形式也越來越多元，創作者既要懂得平面設計，也要能夠創作電視廣告的鏡頭。由於媒體相對壟斷，只要製作出來，都能被關注。這個時期的行銷是非常幸福的人，廣告行銷很多時候確實能為品牌帶來很大的改變。於是廣告的從業者總能揚眉吐氣，拿著較高的薪資，穿著奇裝異服，留著一頭長髮，背著一個巨大的畫板，嘴裡叼著一根菸（最好是雪茄），走過大街小巷，穿行在高樓大廈之間，一股酷勁成為一代年輕人的嚮往。

隨著網路和新媒體的出現，內容的創造進入一個新的次元。原來的那些平面設計能力、電視廣告式的文案能力等成為傳統的思維，也成為一種基本能力，在網路的面前顯得尤為單薄。那些停留在傳統常規方法的行銷人員，他們突然發現網路數位行銷非常不一樣，消費者很難懂，設計一張平面圖、弄一個電視廣告已經不能被接受了。在網路中，行銷的從業者很多時候並不是從廣告和行銷系畢業的人，但他們在這裡玩得風生水起，這就是常說的「亂拳打死老師傅」的現象。其根源就在於，網路新媒體蓬勃發展，原來媒體和資源壟斷的情況被改變，消費者從被動接收資訊轉為主動選擇資訊。品牌行銷的內容創造還按照原來的思路操作已經不能博取消費者的眼球，只有展現出網路特點的創意，才能夠獲得消費者青睞。對創意的要求也越來越高，要求創意和創作人員對消費者、對媒體、對創意的形式（文案、設計、影片、音樂、技術等）各方面都要有所了解，甚至懂得創作。關於創意靈活性的要求，第一次被提得如此之高，以至於很多曾經的「大師」，在網路這個講求走心、講求實效的環境中退化得毫無建樹。於是我們看到了一個全新時代的來臨，這意味著傳統行銷手法的退潮、新的行銷方式的興起。只有那些跟得上時代的年輕創作者，才能成為這個時代真正的創意人。

四是內容的創造要滿足自發性傳播的可能。

由於網路時代的特點，自媒體的現狀使得資訊分散和碎片化，大家彼此各自是一個節點，又彼此連成一個網狀。這個特點為品牌的行銷製造了很多麻煩，它們比較難像原來一樣，透過控制媒體來控制向消費者傳遞的資訊，即廣告。在網路中插入廣告，經常會被消費者跳過，起不到很好的行銷傳播作用。因此，傳播的內容創作開始變得尤為重要，一個贏得消費者喜好的內容往往能夠造成四兩撥千斤的作用。內容的創作，在符合策略邏輯、符合品牌需求、深刻洞察消費者的時候，必須能夠結合痛點、熱點以及人性去觸發內容的自發性傳播的可能。

五是內容的創造是一個持續性的過程，不能只求一招得天下。

在網路時代，內容創作的存續性與傳統行銷有很大不同。以前一個平面設計、一個電視廣告傳播完畢以後即為結束，在媒體中也自然下架。而今，所創造的內容在網路中的傳播才剛剛開始，透過內容的創作以及自媒體的傳播，被消費者看到並產生興趣，對方會先比較產品資料和資訊，再進行購買、使用，最後將心得分享出去，又引起自媒體傳播管道使用者的再次傳播。這樣不斷地形成一種循環。因此，品牌行銷的內容逐漸成為一種線上資產。那些有大量受歡迎的資訊的出現和被保存的品牌，在網路中虛擬的資產就更有價值，而那些沒有內容的品牌就比較不可信。在追求資產累積的道路上，行銷內容的創作和累積是一個逐步的過程，今天被消費者喜歡，並不代表永遠被喜歡，要長期去創造符合當前消費者興趣的內容才能長盛不衰。

5. 好的品牌內容，在屬性上有不同維度的分類

對於企業來說，好的品牌內容應分清不同的出發點和屬性，需要分別滿足業務的內容、產品的內容、品牌的內容、服務的內容和消費者層面的內容。

一是業務的內容：無疑是從生意目的出發，去引導消費者對該品牌和產品產生興趣，並願意去購買使用。在商業的行為中，這是企業的生命線，在這一目的的促成中，是一個複雜的、綜合的過程。既要滿足消費者清晰的資訊獲取需求，又要透過內容去誘發消費者的感官衝動。業務的內容，往往是由消費者需求層面的導入、產品資訊的輸出、品牌好感的傳遞和服務保證的信任等多維度的綜合因素決定。

二是產品的內容：主要是從產品的功能、外觀視覺、人性化的使用、效果等多角度去傳遞產品的資訊，以滿足消費者需求或引領消費者需求的方式獲取對產品的認同。因此，產品的內容自然更聚焦於產品本身的資訊傳遞上，去誘發消費者對產品的關

注、認知和嘗試，並形成使用的正向感受，甚至有向他人推薦產品的動力。

三是品牌的內容：廣義的品牌內容是產品、傳達概念、服務、視覺效果、業務管道及消費者回饋等多維度的綜合表現。狹義的品牌內容是指品牌的內在概念和外在視覺以及形成與消費者的溝通資訊和良好回饋的表現。品牌的內容既是一個上層的建設，也是一個長期的過程，需要從消費者的需求和素養出發，將品牌所能提供的理念、視覺、產品和服務等一系列資訊植入消費者腦海，使之形成積極的、長期的、正向的反應。

四是服務的內容：很明顯，就是透過向消費者提供或者展現品牌服務的優勢、特點、細節和美好體驗等資訊，吸引消費者對好的服務有所嚮往或有所認同，形成品牌對於其他競爭產品的軟實力。當產品和品牌沒有足夠強的優勢，服務也能成為重要的優勢生產力和壁壘。

五是消費者層面的內容：當一個品牌在品牌本身、產品、服務之外，也注重對消費者的洞察研究，以消費者需求為出發點和訴求點，努力與消費者打成一片或引領消費者的生活和觀念，建立消費者之間的資訊流通機制，一切來源於消費者，一切又服務於消費者，那麼這個品牌的內容將會受到消費者歡迎。有時候行銷不一定要露出品牌、產品和服務，而是從消費者本身入手，去製造消費者需求和消費氛圍，如此也能反過來促進行業、類別和品牌的發展。這個發展若是做好了，便可成為最理想的商業生態。

6. 內容行銷的創造需要遵循企業不同階段的規則

企業和品牌的發展與人的成長一樣，需要經歷不同的階段，從初創的沒有品牌根基，到累積階段的小型品牌，再到發展階段的中型品牌，最後到定型階段的大型品牌，甚至到走下坡路的老品牌等階段，各有特點，各有特定的條件。在不同的階段和條件下，內容的創造上都要遵循相應歷史階段的規則，可以有創新，但盡量不要做不符合自己的事情。

一是在沒有品牌的初創階段，應該努力為自己的品牌設立遠景目標，然後回歸產品本身，修煉內功，把產品的品質、對消費者的利益點提煉到極致，再去做品牌的動作，才能夠擁有品牌應有的基礎和根基。此時的內容應盡可能立足於產品的基礎上來創作，從產品特點、功能點以及消費者的利益點等方面去輸出具有實用性、便利性的內容。

二是在品牌的小型階段和中型階段，在持續提供好產品的基礎上，適合對特定區域的族群輸出符合特定群體消費者需求的品牌和服務的內容，提升區域可見的體驗和好口碑；同時，講好自己的故事，讓品牌的創始故事和產品一起走向人群，將能夠很好地加持品牌建設。

三是在大型品牌階段，講求品牌的理念，講求創新的精神，也講求服務的體系，從內部的員工到銷售的管道，再到空中的推廣以及各環節的服務，都成為品牌內容產生和輸出的重要原點，都能夠創造該有的品牌影響力和價值感。

四是到了品牌走下坡路的階段，往往是因為品牌自身在創新和緊跟潮流或引領潮流的能力上，經歷了一段時間的下降而無法得到改變所造成的。沒有哪個品牌願意看到自己走向那一天，假使有那麼一天，也將是品牌再造的另外一個課題。

今天的網路時代，我們也看到，很多品牌在初創階段便藉由其講故事的能力和創造關注的能力迅速地吸引大量的粉絲，很快地成為街知巷聞的網紅品牌。比如，有些品牌在創立初期借助美女老闆或帥哥老闆成功吸睛，引來了不少消費者關注；有些品牌，利用僱用排隊的方式創造消費氛圍；有些品牌，一開始便使用代言人模式，以明星效應來帶動品牌，引來消費者廣泛地關注和討論等等。

凡此種種，各有方法，各有千秋，這也是網路新媒體帶給各品牌的新機遇和新挑戰。行銷創新很有必要，但不管你怎麼行銷，始終要遵循市場的規則，努力為消費者創造利益和價值，要經受得住時間和時代的考驗，才能成為名副其實的品牌。

7. 品牌內容的創作需要找到合理的思維邏輯和路徑

對於一個品牌來說，需要去創造與消費者溝通的內容，這包含品牌創造內容（BGC）、專業人士或組織創造的內容（GGC）、消費者創造內容（UGC）（圖 4.1）。

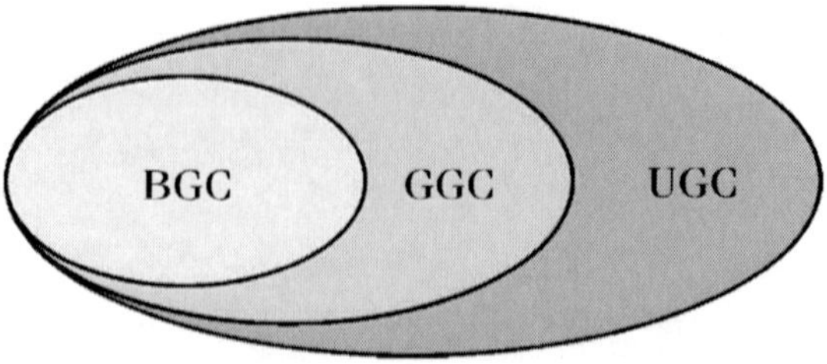

圖 4.1 BGC、CGC 與 UGC 三者間的關係

理論上，BGC 和 GGC 也屬於 UGC 的一部分，都是在 UGC 的大環境中，使用同樣的方法去創造內容，只不過出發點不一樣。品牌希望創造內容與消費者溝通，終極目的是在品牌內容的引導下獲得消費者對品牌的認同，也就是引起廣泛的 UGC。品牌會努力透過自我內容創造來達成這一目標，但由於品牌與消費者的溝通存在立場的不對等和資訊的非客觀性，因此天然地與消費者存在距離，消費者信任度相對較低，再加上品牌本身創造內容的能力相對較弱，因此，需要尋求有能力、有經驗和極具影響力的專業人士或組織參與其中進行內容創造，間接地為品牌與消費者溝通建立有效的橋梁。

隨著網路的發展，品牌代創作的中間商由原本的大量組織開始轉為更為大量的個人，很多是依託於自身自媒體的影響力以及自己對自媒體及其粉絲喜好的了解來創造內容的，由此滿足了大量開始意識到自媒體作用並認同品牌傳播需從客戶喜好出發的品牌方。

美國學者埃弗里特·羅吉斯在《創新的擴散》一書中，提出了一個「創新擴散曲線」模型。即在創新、內容創造和傳播規律中，有百分之二點五的消費者屬於吃螃蟹的人，他們是行銷鏈條中開先河者，也是內容的核心創造者；有百分之十三點五的人屬於早期採用者，他們引領著很多人的關注視角；另外百分之六十八則是被影響的人（分為早期追隨者和晚期追隨者）；剩下百分之十六的人則屬於對內容無感者，即無論你怎麼傳播和影響，他們仍不為你所動（圖 4.2）。

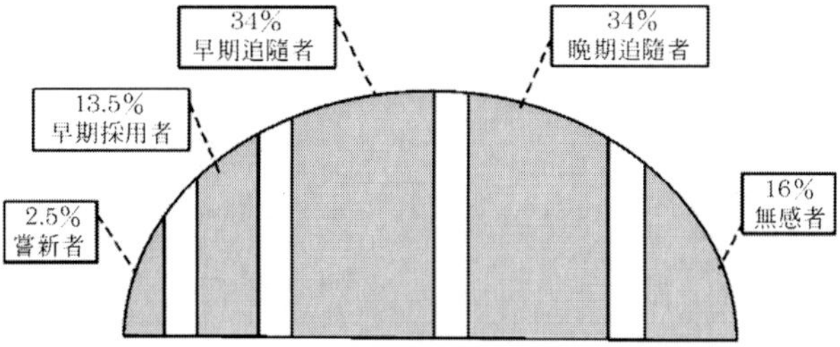

圖 4.2 創新擴散曲線

在品牌內容的創造過程中，不同品牌對於市場和消費者以及網路的傳播規律的理解不足，未能分清傳播的主次、節奏、重要性和針對性，很多時候都處於相對被動或者盲目主動的狀態，最後都未能取得較大的成功。

8. 需要充分認識品牌內容創造及傳播誤區

不同階段的品牌、不同經歷的品牌經營者以及不同教育背景和認識高度的品牌所有者，他們對於品牌內容的創造都會持有不一樣的態度，也會隨時間的變化產生觀念和行為上的改變，同時這個變化的過程有好有壞。綜合來看，存在著各種各樣的誤區。

一是內容與品牌調性不符或不斷變化。

很多品牌方，因為銷售和發展的需要，知道需要進行品牌的傳播，也知道需要創造用於品牌傳播的內容與消費者溝通，但常常因不了解自己品牌的定位，導致內容的方向及調性與品牌調性大相逕庭。例如一個嚴肅的品牌調性卻呈現非常風趣的品牌感覺；一個講究樂活的品牌往往展現得特別高傲；一個有愛心的品牌做得特別冷酷；一個較為含蓄的品牌受老闆影響做得特別奔放等等，這種現象非常多見。因為這些品牌大都缺少品牌的沉澱，在市場處於品牌匱乏供不應求的環境下，品牌成了市場需求的附屬品，且大部分品牌的掌舵者基本上都還是品牌的第一代創始人，而身為第一代創始人的品牌所有者，絕大多數不懂品牌，只是根據自己的喜好和心情去決定品牌輸出內容的風格與調性。有時候，在看了越來越多別的品牌的輸出後，突然發現自己品牌的表現有些不對，至少相比之下沒有別人的那麼高級或那麼受歡迎，於是很多人開始不著邊際地去改變，最後在消費者看來，這些品牌就顯得特別的分裂。這種缺少沉澱、缺少科學規劃和缺少系統性管理的品牌調性，在品牌的建設過程中特別常見，也是很多品牌建設的重要誤區。

二是為求快速傳播，不惜破壞品牌形象。

在很多傳播的實例中也經常會碰到，很多品牌在網路數位化媒體的衝擊和引誘下，看到很多小品牌因為數位媒體快速的傳播特點而取得成功，也希望搭上這班列車，將自己的品牌快速地傳遞到每個消費者和潛在消費者的心裡，於是謀求各種能達成快速引起熱議的方式。在碎片化的網路中，要謀求快速傳播，往往要用獵奇、有趣、社會性甚至突破三觀的消極方法，才能夠獲得低成本的成功和快速傳播，但這樣的方向性選擇往往突破了消費者對該品牌的認知底線，甚至破壞了品牌的形象。這是得不償失的方式。

三是不懂講故事。

臺灣的品牌是有故事的品牌，從一個幾乎沒有品牌的時代發展起來，短短幾十年時間，品牌林立，各個品牌都經歷了奮鬥的歷程。但是，許多品牌卻經常陷於不會講故事的尷尬境地。這其中有品牌的發展落後於消費者對於市場認知的需求原因，消費者由於透過走出國門或接網路等方式獲得了對於美好生活的更高認知，而使得品牌不敢去講發展的故事，怕自己的故事無法滿足消費者的需求和眼光；也有品牌審美落後於消費者的審美需求，於是在自我品牌根基不穩、消費者對品牌認同又不足的情況下，為了留住消費者的心，跳脫自我的品牌屬性和品牌沉澱，去模仿國際品牌的感覺，結果就是土洋結合的新感覺。也有跟不上時代的腳步，或者不思轉變被淘汰，或者不斷變化被遺忘的諸多品牌。這些都讓品牌在對消費者講故事的過程中無法自拔。

四是盲目追求流行。

也有很多品牌，在網路的洗禮中，被不斷地衝刷著自己的行為和心境。因為網路傳播的快節奏及網路平台的自媒體屬性，一個符合消費者興趣點的內容，可能很快就能傳播開來並站上各大媒體的頭條，成為時下流行關注事件。很多品牌看到了這個機會，便紛紛緊貼相應流行來行銷。於是大量的品牌開始效仿，天天緊盯某個流行話題，然後使出渾身解數，希望自己的品牌能夠跟上這股流行，被消費者廣泛關注。很多品牌樂此不疲，不惜耗費很大成本，卻經常收效甚微。

其實它們不知道，自己已陷入從眾效應的怪圈。當品牌的經營者面對繁雜的資訊瀑布時，為了讓自己的品牌資訊能更快更多地顯露給消費者，卻不知如何自我創造時，就看什麼最受關注而做什麼的決定，根本上是品牌不自信的一種表現。跟風的做法，也在某種程度上展現了品牌經營過程中自我創造力的薄弱或者缺失，不知道品牌需要什麼及不需要什麼，在高強度的品牌發展壓力下，便病急亂投醫。事實上，我們發現，當流行話題出現後，大量的跟風品牌隨之跟進，它們往往炒熱的是話題本身或者話題製造的品牌本身，跟風而成為頭條話題的基本上鳳毛麟角。這就得出一個結論，大部分參與跟風的品牌，其實是在花自己的品牌廣告預算在助推話題或話題所製造的品牌，而自己收穫甚微。如果是這個邏輯，那麼跟風追求流行就顯得毫無意義。

五是不懂消費者要什麼，自說自話。

有很多品牌，在對消費者溝通的內容創作過程中，常常因為個人喜好或個人觀點限制了創作的空間。品牌所有人和職業經理人在自我的創業和職場經歷中，覺得自己之所以成功是因為自己懂得市場、了解市場，可能是一個產品需求重於品牌需求的市場，可一旦市場發生轉變，他們的思路卻被扭轉過來。

我們都有過這樣的經歷，很多品牌所有者侃侃而談自己對品牌創建的經歷、成功的故事以及自己對於品牌的理解，但當最後正式切入品牌建設和與消費者溝通的時候，我們發現他們理解的

「品牌」其實還停留在「產品」層面時，溝通就成為非常困難的事情。在他們心裡，自己公司的品牌影響力已經非常高，而這些品牌的影響力就是透過他們努力地做產品和拓展通路，最後把產品的賣點推出去形成的，所以產品就是品牌。於是他們希望向消費者展示自己的產品多麼厲害、使用功能多麼不一樣、產品的外包裝多麼好看等，他們自說自話，不管消費者對品牌的關注和理解方式而硬將產品推向市場，當他們的產品在市場上碰壁以後，又開始抱怨市場不好、經濟不好、政府不好、團隊的人不好等諸多不好。這就是很多臺灣品牌面臨的現狀。

當然，也有很多品牌為了迎合時代的變化和年輕消費者的需求，轉變了經營和溝通的思路，有些中老年品牌創始人甚至急流勇退，起用年輕的經營者接力品牌，最後慢慢地找到了感覺，品牌煥然一新，走出了被動的境地。

六是迷信小範圍調查研究，陷入決策搖擺。

有不少品牌經營者，對市場缺少判斷，對消費者缺少了解，在品牌行銷的過程中由於不敢或無法決策，便經常採取小範圍調查研究的方式來決定品牌的策略、創意的方式、傳播的管道等，這便使得市場決策陷入一個小範圍決定大市場的主觀臆斷。

我們深知，每個人的喜好和決定均受制於個人愛好、生活習慣、消費水準、文化素養、生活環境、他人主觀影響等各方面，有其相應的局限性。個體與群體之間、群體與群體之間、小群體與大群體之間都存在不同差異，有時很難由哪一方主觀地認定其結果是好還是壞。個體的局限性決定了如果沒有足夠多的樣本，很難判定群體的喜好。而群體與群體之間的不同，也決定了很難用一個群體的喜好決定另一個群體的喜好。

所以，在品牌行銷的決策過程中，或者大量採樣，讓決策建立在大量樣本分析的基礎上；或者就特殊群體單獨對待，走細分市場，深耕小眾，再謀求影響更大範圍的人。

「蘋果」公司在賈伯斯的帶領下，創造了一個智慧型手機的全新時代，但在剛開始時，智慧型手機已經存在，很多人覺得智慧型手機使用起來不方便，沒有前景，甚至討厭早期的智慧型手機，覺得那是一種偽命題，毫無意義。但賈伯斯力排眾議，避開大家對傳統手機的理解和關注，將智慧型手機定義為具有通話功能的智慧娛樂終端，迅速走出差異，成為一個全新的創造，締造了他的企業帝國。同時將與消費者傳播和溝通的方式界定出了全新的「蘋果」模式，一個極致的產品、一場演講式的發表會、一種極簡高品質的視覺表達、一套非常獨特的產品展示和表述宣傳內容，這一切共同構建成獨特的「蘋果」品牌印記。如果當年賈伯斯小範圍調查研究，得到智慧型手機沒有前景的結論，或者在傳播上隨波逐流而被漠視，然後終止了發展，那麼今天的世界便少了很多創新和樂趣。

七是為了形式而行事。

很多品牌方或者代理商，在為品牌量身定做溝通內容的時候，經常會以自我的喜好為出發點，不重視品牌的溝通利益點，一味地追求形式上的不一樣。但他們忽略了，形式只是表象，並不適合所有的消費者。不同屬性的消費者，對於形式的感知和興趣是不一樣的。這就好比求婚，有些年輕男子從自身願望出發，希望帶給女友一個獨特的求婚形式，讓對方驚喜，於是便在大庭廣眾之下，如購物中心或捷運站等地方突襲求婚，可是女友性格非常內向，這一舉動反倒嚇壞了女友，從理想中的驚喜變成了驚嚇；也有些男生，忽略女友有懼高症，為了追求形式，要求女友閉上雙眼跟他去一個地方，結果來到了高樓天台，待女友張開眼睛便就地求婚，最終卻因為女友怕高而沒有達到期望的效果。類似的事情也經常發生在品牌的身上，很多品牌方明明知道這個群體的消費者對形式並不感興趣，或至少對某一方面的形式不感興趣，仍一味地向消費者展示形式，這反而使品牌本身及內容本身顯得非常空洞，甚至因為這些形式使消費者反感，那就適得其反了。

在內容的創意過程中，形式的新穎固然是創意的方向之一，但所有的形式最後都需要服務於內容，而所有的內容最後又都服務於消費者。如果違背了這個規則，那麼品牌溝通的效果勢必會降低或者起反作用。

八是迷信「四兩撥千斤」，任何內容都求「紅」，力求少花錢辦大事。

在網路環境中，尤其是以自媒體為代表的網路，品牌的傳播經常會因為切中某一群人的痛點而引起廣泛的傳播，形成具有熱議或者社會性的事件，這就是品牌行銷人口中的傳播很「紅」。很多品牌把「紅」當作行銷的唯一標準，尤其是一些資金相對不足的企業，把「紅」當成唯一的目標，這就讓品牌的行銷走向一個怪圈，變得越來越浮躁，越來越沒有自我底線和準則。固然，在社群媒體的環境中，品牌的推廣如果符合消費者的痛點、品牌的輸出又非常吻合品牌的特性，也因為很好的創意和傳播的方式產生了「紅」的結果，那當然是好事。但很多品牌為了要「紅」，逐漸放棄了品牌該有的追求，完全一面倒地迎合庸俗的關注點，便會造成更大的長遠損失。實際上，品牌的行銷不應該只是為了廣度，還應該有深度。有些行銷方式是為了抓住消費者的注意力，有些是為了讓消費者理解產品，有些是為了滿足消費者喜好和品牌美譽，即這是一個將知名度、認知度、喜好度、美譽度和忠誠度逐級累積與遞進的過程，並不能由單純的某個環節去解決所有的問題。因此，在品牌進行內容行銷的過程中，需要深刻地理解相應的原則，也要努力地堅持做對的事情。

未來品牌感官行銷的設想及實現條件

內容為王時代，也是感官行銷的時代，內容的創造是為了滿足消費者的感官體驗，所以，內容的行銷往往也是感官行銷的一部分。但感官的行銷也受到各種現實條件的制約，受制於目前只能帶動聽覺和視覺兩個感官，使得內容的創造非常有限，真實感依然有待提高；另外，感官的行銷也受制於各內容創造方之間和內容資訊傳播平台之間的利益，彼此獨立，致使有效性始終無法發揮到最大限度。

所以，如果最終要達到真正的感官行銷，整個行銷的思維、管道和環境還需要經過很多階段的發展和變革才有可能達成。

1. 跨平台兼容和資料共享

網路平台之間的互相兼容和資料共享將使行銷實現更高效、可追蹤、降低成本和資料真正有效使用等好處。多年來，品牌和行銷從業者都希望實現這一理想，但卻很難實現。大部分有影響力的媒體出於自我利益、資料保護、隱私保護等目的，紛紛構築自我的平台和資料壁壘。一方面，彼此資料的割裂有利於保護自己的資料，展示自己投放的效果，以虛虛實實的方式立足於行業，具有利益誘導性；另一方面，根據平台的隱私要求，如果平台兼容和共享，那麼自己遵守了這一要求，但不排除別的平台不遵守，在沒有一個明確標準和行業準則的情況下，很難促使行業邁出最有價值的一步。行業內也存在為了解決這一問題的廣告聯盟的投放模式，曾經也吸引很多人的注意，最後卻發現，廣告聯盟主要還是消化一些剩餘流量的非優質資源投放模式，而真正的優質資源基本都還壟斷在大平台的手上，他們因為占有著流量的壟斷優勢，不願意參與聯盟共享。各種自我保護的同時，就使得平台間的行銷內容和資訊流通性在製作、投放與監測等各方面的成本陡然升高，這非常不利於行業的發展。

如果這一問題能夠得到解決，將會很好地降低行銷內容的製作成本，至少在投放時所產生的為適應不同平台的版本支出得以減免；在投放過程中，更容易去達成平台之間的聯合行動及優化投放精準度；也會使眾多品牌和代理商能夠很好地監測所投放的廣告效果。

2. 跨界面的互動式影片追蹤

我們前面提到，視覺是人類獲取資訊最主要的方式之一，也是當前人類獲得感官體驗的最重要來源，因此，影片的行銷方式顯得尤其重要。但影片作為包含聲音、圖像和光影的資訊傳遞形式，其複雜性以及其動態呈現的特點，使得內容的互動和追蹤成為一個難點。隨著科技的進一步發展，下一代影片的呈現科技如能完成跨界面的互動，那麼影片的市場格局將會發生很大的改變。屆時，我們可以輕鬆地將同一個影片隨意地放在不同的平台，使其能在不同的網頁之間、不同的電腦之間、不同的電視之間、不同的戶外媒介之間輕鬆切換。於是，所有的媒體成為傳播介質，不同的媒體之間達成了兼容，不同的界面也達到了彼此協議下的互動，而當互動形成，追蹤影片也成為一件簡單的事情，這裡包含追蹤影片的呈現資料，也包含影片內容元素的互動式可追蹤，即不同的消費者、不同地區文化的消費者，對影片的關注點不一樣、反應不一樣，都可達成追蹤和回饋。

3. 人工智慧

隨著電腦的不斷發展、計算能力的不斷提高、電腦獨立思維的能力不斷提升，使得電腦在很多依靠標準計算和記憶儲存等方面的能力大大超越了人類的大腦，人類因而逐步走上人工智慧的發展道路。人們希望透過人工智慧的全面實現來取代人類的勞動力、提高生產力。隨著下一步物聯網的成型以及電腦對於人類語義的理解、行為方式的習慣，甚至仿生科技的出現，人工智慧將真正進入人類生活的各方面。我們將從文字、語音和視覺的多個維度獲得人工智慧的支持。相應的、重複的、基礎的、可標準化的人類勞動將會被人工智慧所取代，人們的生產力被取代後，將會把更多的時間花在不可標準化的感性思維和行為上。此時，人類在藝術、感性思維等方面空前繁榮，感官的享受成為全人類共同追求的對象。

4. 體感感知資訊的傳輸

當人工智慧得以全面發展，科技使得人工智慧為人類全面服務，人們開始思考和研究，讓人類自己也具備人工智慧某些優秀的屬性，如獲取知識和資訊可以以電腦儲存與傳輸的方式導入人腦，將讓人類的科技和知識取得很大的飛躍。物理的資訊和知識完成傳輸後，人們將會努力達成除了聽覺和視覺兩種感官資訊之外的觸覺、味覺和嗅覺的可傳輸。當我們接入網路，就能夠透過資料獲取來自不同地方的感官資訊。這將是人類社會歷史上新的飛躍。屆時，人類將真正進入體感感知的全新時代。

經過如上技術和條件的變化，就如同前面所説，我們就能進入真正的感官行銷時代，不再只是停留在視覺和聽覺的資訊傳輸。

品牌行銷過程注重消費者的交流需求

在品牌行銷過程中，我們充分地理解和踐行消費者的資訊獲取與感官享受的需求，也不能忘了，消費者作為社會的個體，除了對產品的了解和使用，以及擁有對服務的體驗和品牌所傳遞的感官體驗之外，還有很重要的社群屬性的需求。

某種程度上説，品牌與消費者的交流本身是個偽命題，對於消費者來説，他們只希望使用品牌的產品、獲得品牌的服務，他們不希望品牌騷擾他們的生活，更別説要消費者跟一個品牌對話和交流。對於消費者來説，品牌具有活的一面，也有死的一面。消費者希望品牌透過產品、透過資訊、透過服務表現出真實、親和、鮮活的感受，同時又覺得品牌就是品牌，是一個沒有生命的東西，不能與之互動和溝通，一旦互動和溝通，往往就是一種商業行為，他們不想被打擾，或者是品牌背後的人為了商業利益故意表現出一種迎合式的交流方式，他們並不喜歡。

因此，品牌與消費者的交流，需要著重打造的是不同於常規的交流。

1. 品牌與消費者的交流是一種感官上的精神交流

在品牌行銷過程中，品牌為消費者創造的品牌感知和產品體驗，最終建立的是品牌在消費者心目中的社會需求。當品牌以獨特的定位、獨特的產品、獨特的視覺傳達和完善的服務等多維度建立品牌的形象與體驗的時候，消費者會透過使用獲得自我需求的滿足，去達成品質佳、美觀、便利、服務好等各種滿足，當這些需求得到滿足的同時，也建立了消費者與社會的多維度關係。從在自我生活品質上與他人接近或者高於他人來證明自己的消費能力，到透過以自我的消費決策品牌的獨到選擇來證明自己的眼光及審美與眾不同，再到透過獨特的品牌消費或者接近品牌核心來證明自己的獨特資源，進而維持自己在社會屬性中的存在感。透過這些，我們不難發現，品牌與消費者交流，更多的是建立消費者在社會中個體存在的屬性，而品牌只是其交流的一種介質。

2. 品牌與消費者的交流其實是消費者與消費者的交流

一個品牌努力地建立與消費者的溝通，試圖透過溝通與消費者建立長久的聯繫來維護彼此的關係，而忽略了消費者與品牌之間交流的本質，最終經常會本末倒置。在市場上，消費者往往是不忠誠或健忘的代表，當有更能滿足他們自我需求和社會需求的品牌與產品出現時，很多人就會迅速地離開原來使用的品牌。尤其是在今天這樣一個資訊爆炸、產品競爭空前的時代，消費者有一萬個理由放棄一個喜歡的品牌。很多品牌並不知道，為了獲得消費者的心，除了主動溝通以外，更重要的還是要磨練自己的產品和服務，提升自我在消費者心目中的價值，再輔以自我特點的表現、美感的輸出和主動的溝通，並且與時俱進，為消費者因時因地的改變而改變，只有這樣才能長久獲得消費者青睞，留住消費者。

聰明的品牌應該知道，品牌為此努力建立起來的與消費者之間的交流，最終實際上是消費者與消費者之間在社會屬性中的一種交流映射，並不是品牌與消費者之間的交流。當一個品牌能夠持續根據消費者當時的需求提供給他們交流的資本，那麼這個品牌就能夠長期在消費者心中和市場上占有一席之地。那些在與消費者溝通的過程中產生的資訊、交流與互動，事實上只是這個消費者與消費者交流的一部分衍生品，其目的是為了更好地讓消費者去知道問題、了解問題和解決問題。

品牌的行銷過程需要努力讓消費者滿足自我實現的需求

我們前面也曾講到，消費者除了要獲取品牌的使用價值，也需要實現自我社群的價值，而社群價值除了滿足溝通以外，很多時候是為了一種內心的滿足，這個滿足有理念的表達契合、便利的享受，也有證明生活品質提升的需求，或是一種攀比的心理以及對未來的想像。這在一定程度上滿足了消費者自我實現的需求。

所以，在很多的行銷案例中，如果最終能夠很好地滿足消費者這一終極需求，那麼就能夠獲得成功。「蘋果」手機每次一款新產品出來，正式發售前都會找一些消費者優先體驗，對於這群消費者來說，得到了比別人更早的使用機會，內心的滿足感是超乎想像的。「小米」手機在整個產品的生產過程中，自知自己在技術上不一定能夠瞬間超越「蘋果」，或者在市場上有顛覆性的能力，於是努力讓一些使用者參與產品的設計和生產，吸引大批粉絲積極響應。那些參與者獲得了一種強烈的參與感，總能感受到品牌對自己的尊重，甚至能夠根據自己的設想進行生產和改進，其自豪感和優越感不言而喻。

Chapter 5

新環境中的品牌行銷優秀案例

在社群媒體時代，不懂行銷的品牌常常舉步維艱，而懂得行銷的品牌更容易達成讓品牌長遠發展的目標。在過去幾年裡，有哪些案例值得人們研究呢？

六神花露水品牌煥新之《花露水的前世今生》

六神花露水源於一九三〇年代老上海風靡一時的「明星」和「雙妹」香水的靈感，一九九〇年上海家化聯合股份有限公司（以下簡稱「上海家化」）將香水的配方與中藥古方相結合，創出了融清涼消暑和驅蚊功能為一體的花露水品牌。「六神」品牌在日常生活中創造了一個全新的類別，一經推出，便備受市場歡迎，成為上海家化的明星產品，二十幾年來牢牢地占據了花露水市場的大部分占有率。六神花露水伴隨著很多「六年級生」、「七年級前段班」度過了美好的童年，成為這一代人的回憶，最後也成為上海的一張品牌名片。

二〇一二年這樣一個時間節點，「六神」品牌透過市場調查研究和分析發現，該品牌依然在市場中處於絕對領先地位，但消費者卻在不斷的變化中。原來那些「六年級生」、「七年級前段班」消費者已經到了而立之年，留給他們的是對花露水的記憶。而「七年級後段班」、「八年級生」因為生活條件的改變，加之市場上同類品牌層出不窮，他們在使用六神花露水的頻率和場景減少了很多，自然而然對花露水的印象和感情比較淡薄。隨著新的一批消費者對產品的接觸較少、認知較低，再加上曾經的品牌擁護者隨年代變遷而逐漸流失，導致的後果必然是品牌在市場中的人氣下滑。因此，品牌方在資料的分析中有了對未來的焦慮和緊張感。

在這樣一個節骨眼上，品牌方或者盡快以全新的科技和研發來疊代或全新創造產品，去贏取年輕人的需求；或者在品牌行銷上努力與消費者的溝通，讓消費者產生對品牌的認知和認同，並努力轉化為粉絲消費者。儘管當時上海家化也出了一套全新的產品，顯然，在短期內，品牌並未做到對於產品的疊代和完全的替換。為了鞏固舊有的長期累積起來的龐大市場，最後品牌方決定，還是努力在品牌行銷上出力，與年輕消費者溝通，讓他們接受並習慣使用六神花露水，而且要讓他們對花露水的文化產生認同和喜愛。

經過品牌方的市場研究和行銷機構的篩選，他們發現，如果說「六年級生」、「七年級前段班」消費者是網路的新興一代，那麼「七年級後段班」、「八年級生」年輕消費者儼然已成為網路的深度使用者，就是傳說中的網路原住民。如果要對這群深度網路原住民進行行銷和溝通，傳統的方法顯然已經不合適了，必須有目的性地進行行銷和溝通才行。此時，他們主要的資訊獲取管道已經從電視、報紙等媒體轉變為網路媒體。入口網站讓資訊獲取更加方便，BBS 和部落格剛剛完成歷史使命，YouTube 等影片網站便開始方興未艾，直到 Facebook 的出現，讓碎片化的資訊溝通風起雲湧，也開啟了一個全新的社群媒體時代，大批使用者不斷湧入。進入社群媒體的時代，消費者的資訊被轟炸現象非常頻繁，是原來的很多倍，而他們面對龐雜的資訊，第一次有了選擇權。品牌方透過創造符合消費者感興趣的內容，吸引他們的眼球，大量的網路內容快速被全國乃至全球的使用者所關注並自發傳播，以此證明了內容行銷在新時代下品牌行銷和溝通的重要性。在這樣的環境下，品牌方需要找到一家合適的代理商來進行此次的品牌升級和行銷溝通的工作，這個代理商需要具備洞察消費者的能力，懂得社群媒體的規則，並具有足夠的資源，在創意上能夠結合數位媒體並有其獨到之處，還要在創意執行和傳播執行上具有足夠的經驗，能做適合產品的行銷策略。

經過角逐和比較，由我的廣告公司勝出，成為此次項目案例的代理商。在獲得代理商資格之後，該公司發現這是一項具有極大挑戰性的工作，其核心集中在如下幾個方面：

一是六神花露水的老使用者已經「老去」，而新使用者沒有接上，屬於品牌老化的一種，在產品沒有大變化的前提下，要達成產品年輕化，難度不小。

二是品牌要做升級的溝通，需要兼顧老使用者，也要吸引新使用者，屬於雙重難題。

三是花露水本身是快速消費品，是行銷傳播中關注度非常低的類別。

四是新使用者是當下引領潮流的年輕人，他們在消費上既衝動，又有自己的主見，只有觸動他們的喜好和共鳴才能獲得關注與認同。

五是花露水的季節性極其鮮明，使用和銷售都集中在夏天，在產品行銷上需要非常集中和精準。

六是品牌方希望與年輕消費者的溝通既要年輕化又要有品質，具有國際化大品牌的感覺。

綜合相關挑戰和市場特點，本公司為這次品牌升級制定了相應的策略，考量產品的獨特季節屬性，確定「愛上夏天」的溝通主旨，寄希望於強化花露水的夏天屬性，讓消費者在夏天的時候能夠聯想起六神花露水，也希望消費者透過六神花露水能夠愛上夏天，為他們帶來正能量。在溝通手段上以數位內容行銷為核心，以社群媒體為重點，輔以其他傳統媒體的廣告，努力達成消費者的自發傳播。針對那些不了解花露水的年輕人，以他們喜聞樂見的方式講述「花露水的前世今生」；而對那些了解花露水的人，則展示花露水的多功能用途，並透過內容的品質和活潑的表現展示品牌國際化的形象。因此，就有了這樣一段關於「門神」花露水的影片在各大媒體流傳。

《花露水的前世今生》影片文案選段：

如果說一個人家裡有很多奢侈品
你一定認為他有個了不起的爹
但事實上
很多我們現在習以為常的日用品
在它們剛誕生那會兒都是不折不扣的奢侈品
比如自行車和電視機

比如花露水

在一九〇八年的上海

有人在唐朝古方的基礎上研發出一種原創的香水

它的名字叫……

當時它還沒有名字

於是大家就到唐詩宋詞中去找靈感

有人說叫「滾滾長江東逝水」

太長

「黯然銷魂水」

矯情

「白毛浮綠水」

呃……

就在這時，有人讀出歐陽脩的名句

「花露重，草煙低，人家簾幕垂」

浪漫的意境和韻味已經秒殺了之前所有的創意

於是就叫它「花露水」吧

在花露水剛剛誕生的年代

絕對是身分和品位的象徵

出入十里洋場的旗袍妹子們人手一支

……

經典的產品設計就算放到今天看

仍然高端得一塌糊塗

時光如高鐵歲月如動車

中國人的生活越來越國際化

各種進口香水逐漸占據了美女們的梳妝台

就在花露水險些要 out 的時刻

一九九〇年六神花露水橫空出世

和過去純粹走氣味路線的花露水不同
六神將中藥古方和花露水結合
兼具驅蚊止癢和祛痱提神的作用
六神花露水中含有一定比例的酒精
而且是食用級的
但它絕非是為飲用而設計的
在我們偉大的中醫文化中
以中草藥和酒精調配使用稱之為酒劑
酒精的揮發使得香味四處飄散
更重要的是它能殺菌消炎、舒筋活絡、止癢健膚
令中草藥的藥物成分效果倍增
在酒精揮發的過程中會從皮膚表面帶走熱量
再加上六神原液中的薄荷和冰片等藥材
會讓你感覺無比的神清氣爽
……
在滴了幾滴六神花露水的木桶裡洗澡
成為很多孩子心中最愜意的童年記憶
事實上除了驅蚊止癢之外
工作累了噴一噴可以提神醒腦
加入水中可以給浸泡的衣物消毒
用花露水擦涼蓆會讓整個夏天特別清爽
……
沒有六神花露水的夏天是不完整的
那文藝而又小清新的味道
正是美好夏天的一部分
這種味道不僅僅意味著立竿見影的奇效
更洋溢著淡然別緻的中國式浪漫

當你從浮躁中慢下來
透過這些味道
聞到關乎文化和記憶的傳承與敬畏
就能體會到剔透綠瓶中深沉的情懷
你就會發現每一個被花露水悉心庇護的夏天
都值得你用心去愛

整個影片觀看人次超過兩千萬，分享超過三十萬，許多明星主動參與分享和評論，案例獲得多個行銷獎項金獎，儼然成為當時最熱門的廣告，影響深遠。這個案例也開創了透過動畫來行銷推廣品牌的方式。

在內容和行銷都得到突破的情況下，二〇一二年一到六月，六神花露水整體同比達到了兩位數的成長，其中隨身花露水同比成長百分之七十八點八，六神寶寶花露水同比成長百分之四十七點二。就市場占有率來說，六神花露水成長了四個百分點，達百分之七十。

更重要的是，透過在特定時間和特定季節傳播，使得該品牌被廣大的年輕消費者廣泛接受並主動討論和自發傳播。品牌年輕化升級戰役取得了認同和業績成長的雙豐收。

「紅星美凱龍」三十週年品牌升級行銷《更好的日常》

「紅星美凱龍」是中國家居產品的流通商超品牌，由傳奇人物「木匠」車建新於一九八六年創立，經過三十年的發展，逐漸成長為中國最大的家居流通品牌，至二〇一六年剛好走過三十個年頭。

在過去的三十年，「紅星美凱龍」從無到有，一步步見證了百姓家居生活的變化。

隨著電商的興起，很多行業都來不及轉型，紛紛倒在了電商的利刃下，唯獨家居行業因為其獨特的體驗式消費特點而讓電商暫時無從下手，依然按照原有的方式蓬勃發展。不過電商的興起依然為家居領域帶來了不小的威脅，很多小件產品和可標準化的家居產品逐漸被電商化，出現了如「梵几」、「造作」等品牌。另外，年輕人（尤其是「八年級生」）的購物行為電商化已經成為一種不可阻擋的趨勢，而「紅星美凱龍」在過去三十年累積的品牌形象受制於時代的影響，帶給許多年輕人一種複雜的認知：有人覺得「紅星美凱龍」的產品有品質，但價格太高；有人則認為「紅星美凱龍」的品牌形象比較奢侈，不符合自己的風格，可是當他真的要買家具，選來選去還是覺得「紅星美凱龍」的比較好、比較有品質。那麼，「紅星美凱龍」了解市場和趨勢的同時，自己的品牌如何繼續往前走呢？這是品牌部門需要解決的一個重要問題。

三十週年是「紅星美凱龍」的一個重要時間節點，既要回顧過去，也要展望未來。從品牌的角度來說，是選擇回顧過去，還是選擇展望未來，其方式會很不一樣。最終，品牌方選擇了以展望未來為主的方向。一個消費者買家居產品，基本都會直觀地從幾個角度去判斷：品牌、材質、款式、風格、設計感和價格等。

那麼從家居領域來說，什麼視角代表著未來？對於熟悉這一領域的人來說，很容易地就能脫口而出：新材料、設計感、智慧。這三個角度對於「紅星美凱龍」這樣一個家居流通品牌來說，由於自身不生產產品，所以基本能直接涉及和關聯的只有設計感。事實上，「紅星美凱龍」在過去的三十年裡也一直遵循著這個原則，為市場選擇更有設計感的品牌和產品，也指引有設計感的產品被更多消費者認知，在某種程度上提升了市場的設計水準，影響了人們的生活和審美。但是，設計本身是一件無法標準化和量化的事情，也是一個隨著時代不斷變化和生活變遷的動態的行為，要去尋求引領和獲得信服不是一件容易的事。儘管如此，「紅星美凱龍」結合過去的努力和成就，經過一番策劃，替未來設定了一個目標和主題，即為生活而設計。

這項任務落在了品牌行銷合作夥伴——本公司的肩膀上。大家接到需求後，既興奮又擔心：宏大的方向足以讓有志青年發揮才能，但也會一不小心走入沒有方向的困擾。經過幾輪溝通，品牌方希望嘗試從匠心精神角度出發，因為三十年來「紅星美凱龍」在家居這條路上一直在堅持，也一直在突破，契合了以匠心堅持的根基和展望未來的視野。加之早前，本公司關於 New Balance《致匠心》的案例已名揚天下，所以匠心視角的內容，對他們來說應該是駕輕就熟，具有優勢，順理成章。

但是，經過雙方客觀的分析和冷靜的沉澱後認為，如果繼續從匠心角度出發，實則沒什麼特點，也沒有新的創造力，最終放棄了這個方案，重新構思。品牌方決定，既然演繹的是設計，那麼必然需要找做設計的人來說設計。在機緣巧合中，找到原研哉、隈研吾等國際設計巨匠來代言和參與。

請來那麼多國際級設計師，品牌方自然是需要與他們一起參與進程的，於是品牌方邀請他們親自從消費者的生活出發，去設計不一樣的家居產品，並由「紅星美凱龍」牽頭與一些知名品牌廠商合作量產，在全中國進行售賣。

這是「紅星美凱龍」一次新的嘗試和突破。當然，經過系列的思考，雙方都清楚地知道，售賣產品並不是「紅星美凱龍」的本意和第一要務，第一要務是一方面作為三十週年的一個傳播大事件，另一方面是要帶領眾人去思考消費者的家居生活、去啟迪未來。所以，大家的任務自然就很明確了，第一任務是傳播，既然是三十週年這樣一個特殊節點，對於企業來說，既希望有當下傳播，也希望透過傳播有長期沉澱的內容。

在本公司的精心策劃下，整個項目的主題被定義為《更好的日常》，簡單淺顯，又耐人尋味。大家都覺得，在三十週年的這個時間節點，如果說一個「為生活設計」如此宏大的主題，還是老方法的洗衣做飯，顯然太空泛、不動人。而今天，我們採用的是落到生活實處，讓人們去思考什麼是「更好的日常」，讓設計源於生活又服務於生活的手法。當人們看到為主題量身打造的主題宣傳片的內容文案時，很多人的內心更是被怦然一跳，產生不少共鳴。

《更好的日常》文案：

我猜你知道設計是什麼

可生活是什麼你並不一定知道

生活是隨便下點雨就一定會擁擠的高架路嗎
還是應付完工作關上電腦發呆的那一瞬間
是記憶裡一個好多年都忘不掉的名字
還是深夜街頭半碗揚著熱氣的麵
我們都曾以為理想的生活應該在別處
但你總有一天會明白
生活是否美好
只取決於擁有怎樣的日常
而日常
就是所有家居設計的起點
事實上家居設計師不過是一群
奇怪的挑剔的敏感又多情的面對生活的人
為什麼客廳一定要有吊燈
為什麼沙發要占那麼大地方
為什麼馬桶不能五顏六色
為什麼總覺得東西沒處放
為什麼書架非得是木頭的
為什麼床始終睡得不夠爽
人們都以為是他們在設計自己的生活
其實我們都注定活在別人的設計裡
讓日常生活變好的
並不是那些可能一生只有一次的驚喜
而是弧度剛好不會撞到的桌角
隨意關上抽屜時的優雅手感
會自動調節光線的燈
和溫暖又容易打掃的地毯
有時告別平庸的設計

就會開啟未來生活的全新可能
再見不耐看的椅子
再見會響的床
再見堆滿東西的茶几
再見無聊的白牆
再見坐久了會累的沙發
再見一碰就倒的床頭燈
再見永遠擦不乾淨的水龍頭
再見不夠好的日常
好的設計也許改變不了所有
卻足以重塑日常
而更好的日常
也許就是生活該有的樣子
五位國際設計巨匠，全新家居創作，為生活量身設計
「紅星美凱龍」三十年獨家傾力呈現。讓日常，不尋常
一九八六至二〇一六
「紅星美凱龍」三十年，為生活設計

雖只有短短幾百字的內容，字裡行間卻滲透著對生活的理解和樸實而又耐人尋味的話。

一個大家都喜歡的創意，如何讓它發揮最大價值，如何將「紅星美凱龍」、「三十週年」、「國際設計師」、「未來」、「生活」、「家居」等一系列元素完美組合，成為一個受大家喜歡的內容，又是一個巨大的課題。本公司找了大量毛片，也做了大量思考和分析，在很多次溝通以後，大家的方向漸漸明朗起來。項目方也請來臺灣知名導演周格泰來執導此次項目內容，周格泰導演向品牌

方表示，要做一件很不一樣的事情，如此好的創意和文案，如此宏大的主題，如果還是按照常規做法，就會顯得俗套，所以，決定用「無」來表現「有」，就如同家居設計和房子裝修，同樣也是一個從無到有的過程，只有一點點地加入元素，才構成了美好的家居生活。一下子就把創意的執行提升到一個不一樣的高度。提案後，周格泰說，如果《致匠心》是一個獨唱，《愛木之心》就是二重奏，而未來的《更好的日常》將會是一首交響樂。

燈光暗下，一個水杯放在桌面上，杯子的背景是隱約的窗外的風景，接著設計師娓娓道來對於設計的理解。當你在思考設計師告訴你設計是什麼的時候，一個「我猜你知道設計是什麼，可生活是什麼，你卻並不一定知道」的問題，頓時將人們的注意力從眼睛拉回了內心：是啊，生活是什麼呢？

芸芸眾生，每天都在忙忙碌碌地生活，可生活為何物，也許你沒細想，也許你想過卻未曾想明白，但你每天都必須面對和孜孜以求。生活是一些瑣碎的細節和片段嗎？正如古人所說，一簞食、一瓢飲。每個人都有不同的生活經歷和理解，我們也許不會有統一的生活標準，但好的生活就是過好每個日常。設計師也會告訴你，設計的真諦就是幫助人們尋求美好生活。我們在車水馬龍的現代都市尋求著生活的樣子，在人言鼎沸的菜市場計算著生活的價值，在午後的咖啡廳享受寧靜的時光並思索著生活的真諦，為自己的目標熱情地尋求解決方案……生活就是設計師每天在尋找的方向，對他們來說，有大成者不是設計師在做設計，而是哲學家在思考生活。一系列的家居和生活問題都出現在畫面中。鏡頭的快速推進，不斷轉變我們的思維。當我們努力用盡所有的能力加乘自己的生活時，設計師卻突然說，我們應該放空自我。

當我們踏上人生的這個舞台，就注定作為一個為自己和別人設計舞步的舞者，舞蹈的好壞，只取決於自己對於日常和內心的理解。「活著」是人類的本能，而更好地活著，則考驗人的本事。生活的選擇各有千秋，在不能掌控自我的時候，人們尋求基礎的生存；在有更好條件的美好時代，人們希望活得更好，而要做到活得更好，我們就得懂得放下。只有拋棄一切不符合內心的糟粕，告別平庸的設計，我們才有更多的機會去擁抱未來的生活。當我們仰望星空、當我們面朝大海，我們是時候告別舊時代了，把強大的內心用在推動美好的未知上，一切也就會更加明朗起來。

也許，今天的倡導和努力，只是社會的一小步，而對於「紅星美凱龍」來說，卻是一大步，這一步跨越了三十年。當新的時代浪潮到來，「紅星美凱龍」在思索和努力，而不管如何努力，最重要的是從日常生活出發，一碗熱氣騰騰的白飯是最好的答案，這也很好地與前面的一杯水前後呼應，可謂神來之筆。

好的設計讓設計師挖空心思，靈感來源於生活的酸甜苦辣，好的傳播創意也同樣必須歷經人間冷暖，才能有所成就。落到傳播上，在碎片化的時代，又是另一個更大的考驗。

「紅星美凱龍」首次採取了線上點映的創意，邀請明星、紅人、設計界名人等上千人進行限量觀看，看完即止。一時間，播放平台被點擊到後台當機，好評如潮，當第二波大潮湧進來的時候，點映已經結束，觀眾又再一次被挑起胃口。

緊接著，在一部分人透過自媒體討論自己看到的東西，另一部分人則翹首以待的時候，品牌方和代理公司悄悄地邀請了一些媒體人士來到一家 IMAX 電影院一起坐下來看電影。電影還沒開始，卻播出了「紅星美凱龍」的《更好的日常》，電影在電影院銀幕上完整播出，大家受到了極大的震撼，都在不停地拍照，短時間內已經有不少媒體著手報導。

這個項目藉由好的內容和創新的傳播，獲得了很大的成功，當傳播達到高潮時，也是人們廣泛熱議的時候，「紅星美凱龍」如期在二〇一六年七月十八日舉行了三十週年的大型活動。活動期間請來了五位領銜出演的知名設計師和中國內外上百位設計師出席，五位知名設計師分別發表了自己為「紅星美凱龍」三十週年設計和定製的產品。同時從「紅星美凱龍」的角度出發，一方面回顧過去，更重要的是公布了「紅星美凱龍」未來的發展策略，如何在未來一段時間內從「設計」的角度去改變人們的日常生活；另一方面，配合整個活動，在所有「紅星美凱龍」購物中心進行了一次針對所有品牌設計款產品的促銷，吸引了來自各地超過一千萬的客流，達成了短短兩天超過四十五億人民幣（約新臺幣一百九十一億）的銷售額。

更關鍵的是，經過調查研究發現，這次的行銷，讓大量的年輕人重新認識了「紅星美凱龍」，很多人感受到了「紅星美凱龍」展示出的時尚和品質感，褪去了「紅星美凱龍」在部分年輕人心中存有的偏見印象。這對於一個傳統產業的民營企業來說，是一件難得的事情。

對於「紅星美凱龍」來說，一切才剛剛開始。

華帝二〇一八年世界盃品牌行銷《法國隊獲勝退全款》

二〇一八年世界盃在俄羅斯主場舉辦，作為全球最受矚目的體育賽事，自然受到各國百姓的高度關注。除了賽事本身和球員等主體的人與事之外，中國的華帝結合世界盃賽事做了一次非常具有話題性的行銷。

世界盃在俄羅斯舉行，對於商業價值來說，有幾重意義：首先，世界盃本身是一個難得的全球關注賽事，很多國際化或正準備國際化的企業都會借助這個契機進行宣傳；其次，對一些還沒有國際化的品牌，由於世界盃的眼球效應，透過與世界盃的相關合作，也可以在短時間內獲得國內更多的消費者關注，同時展示品牌的實力。

因此，此次世界盃吸引了來自全球各地的大品牌的競相角逐和贊助，如「可口可樂」、「愛迪達」、「VISA 信用卡」、「萬達集團」等國際足聯全球合作夥伴，還有海信集團有限公司、蒙牛乳業（集團）股份有限公司、vivo 和安海斯 - 布希英博集團等幾個賽事官方贊助商，以及雅迪電動車等區域贊助商。贊助費高達新臺幣幾十億，但考量能夠獲得市場的集中關注，很多企業仍是不惜花重金參與其中。

這個贊助對於年銷售額只有十六億人民幣（約新臺幣

六十八億）的華帝來說顯然有點過高，但這也不能阻止一個聰明的品牌擁抱世界盃的決心。華帝在經過決策以後，選擇贊助球隊——法國隊，並簽約法國隊球星蒂埃里·亨利為代言人。華帝從策略上把這定義為一次影響年輕人和國際化的行銷策略。所以在深刻地洞察年輕人的基礎上，華帝發現大量品牌都在玩體育行銷，但成功者並不多，年輕消費者很關注世界盃，但對於許多品牌的行銷響應度和參與度都不強烈，更多還是透過廣告的轟炸。於是，華帝從了解年輕受眾的心理特點出發，提出以「我們都很燃」為核心的足球行銷行動，從法國隊合作、亨利代言拍微電影，再到攜手「海信」、「康佳」、「TCL」等品牌一起踢球。華帝把行銷的前期鋪墊做得很足，也充分帶動起一批年輕人的響應。

隨著世界盃的正式開打，華帝的行銷活動也陸續開始。同年五月，華帝對外公布將在世界盃期間推出針對世界盃的冠軍套餐。同時公布一則促銷資訊：「若法國國家足球隊二〇一八年在俄羅斯世界盃足球賽中奪冠，則在二〇一八年六月一日零時至二〇一八年七月三日二十二時期間，凡購買華帝指定產品並參與『奪冠退全款』活動的消費者，華帝將按所購指定產品的發票金額退款。促銷活動於網路上、實體店鋪同時開展，同時結束。」

消息發出後並沒有受到太大的關注，不過隨著法國隊過五關斬六將輕鬆進入八強開始，社會各界開始關注起華帝的動向。再加上其代言人林更新在微博中的呼籲「華帝退全款，我將買一千張電影票回饋粉絲」的明星效應助推，一時間各種圍繞世界盃和華帝的言論開始被熱議。隨著「法國隊踢得很漂亮」、「我賭法國隊會贏」等呼聲越來越高，人們開始討論起華帝，有些人覺得華帝這回真的危險了，而正在裝修房子的人也開始動搖：「我們要不要也去買個華帝產品，說不定真的能全額退款。」

隨著法國隊進入四強，華帝開始被大量的主流媒體關注。大量媒體開始為華帝測算，認為華帝如果退全款，將會虧掉七千九百萬人民幣（約新臺幣三億三千萬元），而華帝的年銷售額也才十幾億，這對華帝來說是一大筆資金，甚至可能使華帝的資金鏈斷裂。緊接著，人們看到媒體重點關注起華帝，看到有華帝的一些門市突然關門，消費者和媒體都紛紛議論，認為華帝涉嫌經銷商跑路，承諾將難兌現，消費者的退款恐成泡影。大量的媒體盯住華帝，受華帝股權和經銷商門市關門的影響，華帝股市一度下跌，讓市場各種擔憂。中國消費者協會看到市場的反應也站出來發話，呼籲華帝切實履行承諾，別讓冠軍套餐變成爛尾套餐。華帝順著輿論的發展，非常冷靜地做出回應和承諾，在努力給市場一顆「定心丸」的同時，也賺足了各方人士的關注。各種媒體和消費者的關注與議論，將華帝的這一行銷方案推向人盡皆知的程度。

最後，二〇一八年七月十九日法國隊真正奪冠，華帝第一時間兌現承諾，當天辦理退款，八月二日完成全部退款事宜。

各大媒體看到華帝這一兌現承諾的行為，都對其成功的行銷創意表示讚譽。隨著世界盃的落幕，華帝無形中成為這一屆世界盃行銷的最大贏家。

經華帝統計，華帝在這波世界盃期間的總銷售額達七億人民幣（約新臺幣二十九億元），而冠軍套餐的總市價為七千九百萬人民幣（約新臺幣三億三千萬元），實際成本只有一千六百萬人民幣（約新臺幣六千八百萬元）左右，加上宣傳的投入，華帝在行銷上的花費不超過三千萬人民幣（約新臺幣一億兩千萬元），這個投入產出比超乎想像。透過這一波行銷，華帝在那段時間的搜尋指數一度達五十萬（長期霸占中國網路熱搜的品牌杜蕾斯最高搜尋指數是十萬），華帝也從一個不知名的品牌蛻變為各地廣泛認知的品牌。

從行銷創意的角度來說，華帝的這次創意並不算什麼獨特的創新，早在一九三〇年代便有美國的品牌用過同樣的手法和策略，甚至在此次世界盃期間也有不少品牌跟風華帝的退款行銷，但笑到最後的卻始終是華帝。

很重要的原因在於以下兩點：

第一，華帝勇於突破常規的行銷思路。華帝在二〇一七年的銷售額達十六億人民幣（約新臺幣六十八億元），而華帝為自己設定的目標是二〇一九年達成年銷售一百億人民幣（約新臺幣四百二十五億元）的目標。不巧的是，二〇一七年中國的經濟大環境衰退，房地產價格高且流動性較差，直接影響了廚電行業走入了一個低潮。在這樣的環境下，要去達成發展的目標，華帝肯定不能遵循原有的思路，而應該有「劍走偏鋒」的勇氣。華帝以「擦邊球」的方式來行銷，做到了這點。

第二，華帝在策略上洞悉了消費者及市場。華帝在了解市場的消費者關注點和喜好之後，勇於有準備地去走這個「險招」，很好地抓住了世界盃各方的消費心理。首先，對於球迷來說，只關注球不關注品牌，在傳統的行銷方式下，品牌只是綠葉，消費者沒有參與感；其次，要提升消費者的參與感，莫過於給消費者最大的利益，從消費者的角度出發，直接給予其免費的報酬比花錢投入大量廣告更能抓住消費者的心；最後，不管對於華帝、法國隊還是消費者來說，都是多方共贏的一種狀態，這也充分展示了華帝迎合市場核心需求的洞察力。

在突破常規思維的魄力、強而有力的市場洞察力、科學的成本管控和言而有信的執行力等多重因素的結合下，華帝可謂是在一個合適的時間做了一件對的事，不僅順利地引入了話題，還為市場留下了一個銳意創新、活潑果敢、言而有信和有品自信的正面形象，也替很多資金充足、資源豐厚的大品牌狠狠地上了一堂在社群媒體下的品牌行銷課程。

喜茶新品牌獨特的崛起現象

近些年，有一個品牌在中國都市的年輕人市場中幾乎可以說是無人不知，所到之處總是能引來大量的民眾圍觀、排隊購買，形成類似於早期的「蘋果」新產品發售時的從眾效應。這個品牌由一群「八年級生」創立，從廣東江門起家，短短幾年已經開了近百家分店，創造了單店日銷量超過兩千杯、單店月銷售額超過三百萬人民幣（約新臺幣一千兩百七十五萬元）的良好業績，遠遠超過「星巴克」單店年營業額六百萬元人民幣（約新臺幣兩千五百五十一萬元）的成績，先後獲得 IDG 一億人民幣（約新臺幣四億兩千萬元）的首輪投資和紅杉等四億人民幣（約新臺幣十七億元）的 B 輪投資，受到資本家的熱捧。更關鍵的是，這個品牌儼然已成為都市青年時尚茶飲的代名詞和生活方式，它就是「喜茶」。

為何喜茶能夠快速達到這個高度？

「喜茶」在初創時曾起名為「皇茶」，後由於品牌升級需求，也因為註冊的問題，將名字改為「喜茶 HEYTEA」。在茶飲品牌林立的市場，前有以傳統茶為代表的工夫茶系，後有各種粉質沖泡的茶店，再有如「香飄飄」、「妙戀」等批量生產的標準化奶茶，從來沒有停止過競爭。「喜茶」面對競爭激烈也不斷更新疊代的市場，並沒有刻意去複製哪一個品牌，而是採取了比較老實的方法，努力從產品研發和突破入手，以此去滿足市場的需求。

在早期，「喜茶」的創始團隊研發了各種產品，市場反應卻總是平平，也因此受到困擾，追其原因，主要還是口感的問題。每個人都有自己的喜好，地域差別、飲食口味差別、個體的習慣差別，各方面都影響著對味道的判斷，因此很難形成口感上的共識。創始團隊在經過大量的嘗試和反思後，將口感當作重要的產品發力點。究竟什麼樣的口感才能夠在多元的口味市場上普遍被接受？在無數次的試驗中，「喜茶」始終沒有找到答案。直到創始團隊無意中看到一個消費者的網路評論：一位女生問男生「喜茶」的味道如何，男生評價說一般，沒有初戀的感覺。這個評論讓創始團隊豁然開朗，初戀就是一種沒有過的嘗試，真實、甜而不膩、新鮮而又富於想像。

於是，「喜茶」在產品的研發上力主選擇最好的茶原料，並進行多樣調配，使得消費者來到「喜茶」，無論在口味上還是選擇上都有了不一樣的體驗。在此基礎上，「喜茶」還將起司巧妙運用其中，創造了獨特而備受推崇的芝士茗茶。

在原材料、味道、口感、香氣和顏色等各個環節的極致苛求與創新下，「喜茶」一直在突破消費者的固有觀念、味道慣性和原產地困局等難點，讓消費者喝到的茶絕對不會是自己慣常喝到的茶飲，都是透過獨特的來自不同的茶的精心調配，試圖形成自己的產品標準，而且滿足消費者的好奇心理，將這個不斷疊代更新的產品設定為永遠的測試版，只要某一款產品讓消費者喝到共同的口味，那麼「喜茶」就會果斷地換掉這款茶，重新出新品，保證每個人的口感體驗都保持新鮮感。

芝士茗茶系列：

備受消費者推崇的原創芝士茗茶系列，選用進口紐西蘭乳源濃醇芝士，口感綿密，層層疊進，搭配幽香清醇的茶香，兩者交相襯托，妙不可言。在原創芝士茶的基礎上，「喜茶」將紐西蘭進口芝士與鮮奶精心配比，研發出輕芝士茗茶系列，口感更輕盈細膩，輕負擔，讓茶客多一個更清爽又兼顧美味的選擇。

鮮茶水果系列：

清甜飽滿的鮮茶水果系列的推出，旨在讓顧客享受水果與好茶相結合的美妙口感。精選優質茶葉為茶底，以天然糖分溫潤中和，詮釋出清爽豐富的效果，是夏日消暑的優選。

當季水果系列：

四季輪替，每個季節都有其獨特的氣質及產物，為了呈現當季最新鮮的風味，喜茶推出當季水果限定系列。時令鮮果製作，不添加任何果汁果醬，過季即下架。已推出的「芝士莓莓」、「芝士芒芒」、「芝士蜜瓜」、「芝芝莓果」等，深受消費者喜愛。

以上來自「喜茶」官網對於產品的介紹表現了其做產品的態度。尤其是「芝士金鳳茶王」、「芝士綠妍」、「芝士玉露茶后」、「芝芝莓莓」等一系列創新茶的推出，透過市場的檢驗，及時調整和改進，使得每一次的新口味上市總是能讓消費者為之尖叫和歡呼。

過硬的產品品質以及其性感的口味，讓「喜茶」在林立的傳統工夫茶、立頓沖泡包、「香飄飄」等工業奶茶沖泡包、各種街邊沖調奶茶和各式果汁茶飲等茶飲市場中脫穎而出。

除了產品以外，很重要的一點就是，「喜茶」很好地瞄準了以「八年級生」為主體的消費升級的市場趨勢。消費的升級，快速地帶動產業的升級和疊代，一大批傳統企業慢慢地失去市場，被消費者所遺忘，一大批低品質或不符合消費需求的品牌默默被淘汰，這成為近十年和未來十年重要的主流趨勢。

「八年級生」作為職場新貴及早期中產階級的後代，具有極高的消費水準和良好的消費觀念。在他們看來，傳統沖調奶茶對身體沒太多益處，因此，「喜茶」的出現恰好滿足了他們對於消費品質的追求，既年輕又健康，同時還伴有新潮的感覺。

年輕人的消費升級過程，除了品質、味道等比較具象的追求之外，在美感上同樣不能少。外貌在他們眼裡儼然成為一種生產力，甚至有時超越產品本身，不好看則不為伍。「喜茶」在滿足消費者的這一需求上，也下了大量工夫。

從 logo 開始，使用一個人的側臉，手中握著「喜茶」，茶飲即將送到嘴邊，神情陶醉。以黑白搭配的底層設計邏輯，追求形象簡單、富於聯想以及現代主義的美感。遵循這一原則，「喜茶」的每一款茶都在顏色和層次感上努力追求美學的感官體驗。在門市的設計上，把白和灰當作標準色，每個店的風格都努力將現代主義的禪意和極簡的美學靈感貫穿其中，創造出了獨特的茶飲空間「酷」的精神。在這樣的美學追求下，逐漸去塑造年輕人喝茶的現代都市風格和生活方式。

面對即時資訊流通的時代和高要求、有見解、懂消費、不受約束的年輕人市場，「喜茶」始終堅持原創的精神，提供創新和高品質的茶飲，並且引領或滿足年輕人的美感要求，也時刻追求從最根本上去啟發大家的靈感，引發消費者的廣泛共鳴，在無形中使得「喜茶」重新定義了一個細分的茶飲品牌。

Chapter 6

新環境中品牌行銷結果的衡量

在過去，我們都知道品牌行銷中的廣告費有一半是被浪費掉的，但浪費的是哪一部分卻沒人知道。在社群媒體時代又是如何衡量品牌行銷效果的呢？

行銷效果具有多元的特點和因素

有人說：「我不做推廣，照樣生意很好，推廣了也不一定會為生意帶來直接關係，更看不出對品牌產生的直接提升，所以我不做推廣。」這是「推廣無用論」。

這樣的推廣無用論主要的誤區在於，品牌方認為品牌的行銷就是傳播本身，傳播的外在表現是廣告，但看廣告本身並不能直接連結至銷售，有時甚至也嘗試讓廣告和銷售掛鉤，最後發現都不理想。因此，認為行銷推廣是一種無效的行為。

事實上，品牌的行銷是一個立體的行為，奧美集團早期提倡的三百六十度行銷理論就認為，品牌的行銷是一個包含視覺形象、廣告、公關、管道、促銷和互動的三百六十度行為。廣告傳播只是品牌行銷的一部分，是一種相對外在的表現。完整的品牌行銷推廣，是一種與消費者的溝通，從產品針對市場需求的生產，到相應的不同層級的銷售管道，再到品牌的形象，直至空中的廣告和落地的公關等，是一個互相關聯的過程。這個過程的任務，很重要的就是努力去建立從知曉度、認知度、興趣度、喜好度到忠誠度的漏斗型任務。隨著時間的推移，目標消費者數量也在逐級遞減。廣告完成更多的是知曉度的任務，經過反覆強調和吸引，使得消費者形成品牌記憶，並促使部分人願意去了解和嘗試。最終是否能產生直接的銷售，與廣告傳播的力度和頻次以及廣告本身獲得消費者認可程度有關，也與產品本身的需求滿足、銷售通路的消費體驗直接相關，最終讓部分消費者願意嘗試消費。

有意思的是，在新網路時代，當一次消費者溝通產生一個銷售之後，往常的傳統行銷從傳播至消費即告溝通結束，但在新的環境中我們發現，消費和使用只是行銷的一個舊的結束，也是一個新的環節的開始。消費者在被廣告影響而消費後，他們會進行二次的傳播，並形成新的行銷循環，一次的銷售隨著二次的傳播，可能會帶來新的銷售累積。因此，銷售本身是一個三百六十度的立體行為，每一個環節都與銷售有著相關關係，品牌行銷各維度的表現很重要的是形成長期的品牌累積，同時也表現為銷售的結果。品牌的累積和銷售的轉化，常常會因為一部分嘗新者和衝動消費者而達成部分轉化，其他的更大一部分消費者則需要經歷更多時間和次數的影響才能推動銷售的轉化，他們或者受嘗新者的影響，或者由廣告的推動呈現出動態曲線的遞進過程。

單次的品牌傳播不能帶來百分之百的銷售轉化，其本身是一件常態的事情，那些瞬間帶來大量銷售轉化的行銷案例，或者品牌滿足了市場的需求具有稀缺性，或者本身已經經歷了一定時間的品牌沉澱，正好在一個臨界點達成了轉化。

同樣，也有人認為品牌傳播就是一切，把生意的好壞完全歸結於品牌傳播的好壞，這是一種「傳播決定論」。當品牌以一個立體形式呈現的時候，行銷與銷售就不會是單一的因素決定。因此，那些試圖把所有的銷售轉化的任務全部依託於廣告的品牌方，實際上是對品牌行銷與銷售的關係未能全面認識的錯誤表現；同樣，單次的行銷推廣更不可能達到百分之百的結果，那些試圖透過一次或兩次的廣告推廣就期待見到大比例提高銷售的人，也是一種認知的不足。

銷售與品牌傳播是一種辯證關係的存在，互為因果。彼此的關係屬於正向、中性還是反向作用，以及其作用的量變關係，均需要考量不同的行業屬性、目標消費者情況、品牌發展週期等因素，也由相應因素形成立體多維度的綜合效果。

快消產品因其需求度廣、複雜度低、進入門檻低、內涵淺、競爭面廣等因素，決定了其在該品牌中的行銷權重將會比較高，其資訊簡單，往往又因知名度決定了其被直接且大量使用，好感度隨之增加，也就決定了其銷量。

相反，耐用消費品或者 B2B（企業對企業）產品，因其需求度窄、複雜度高、進入門檻高、內涵深、競爭面相對窄等因素，決定了其推廣更需針對特定目標消費者進行，在特定範圍內，推廣的上升與遞減對銷量的上升和遞減的影響也相對較小，速度較為緩慢。

奢侈品則在各個維度上都更加緩慢，因為產品稀缺、價格高、消費量少，長期透過獨特的產品和消費者的社會心理維護著一批相對固定的粉絲。在一個相對固定的市場，消費者會時刻關注其新品的變化情況，越是限量越受追崇，基本上不太會因為一兩個廣告推廣就使得銷售上有什麼大的變化，我們能看到，奢侈品基本很少做對外的大規模廣告推廣，長期以來，精準的雜誌廣告、戶外廣告和公關活動成為奢侈品最重要的消費者行銷與溝通方式。

行銷效果的認定人為特點明顯

在一些網路行銷傳播的案例中，很多甲方對供應商或媒體提供的資料總是持懷疑態度，覺得效果不好。似乎好的結果都千篇一律，而不好的原因卻有很多種。

(1) 資料很好，但銷售成長不明顯。很多案例消耗了較高的成本，運用了很多傳播的方式，最後傳播的資料統計起來達五億至七億人次的關注，銷售卻常常慘不忍睹。這就能很明顯地看到，傳播的資料很好，但效果很差。

(2) 傳播很差，銷售狀況卻很好。令人更尷尬的是，有一些品牌，因為預算少所以傳播的量很少，傳播上的結果固然就比較差。待項目結束後卻發現，產品的銷售狀況異常的好。這很好地支撐了很多品牌所有者推廣無用論的觀點，也很容易讓品牌主對自己的產品和管道過於自信，逐步丟失了品牌的優勢。

(3) 傳播很差，銷售也很差。這樣的結果，基本上也就為這個行銷傳播的案例宣判死刑了。參與的各方並不知道，在傳播中決定傳播和銷售的結果有多重因素，可能涉及品牌、定位、產品、策略、創意、媒介、銷售管道等各方面的選擇。在這些選擇上，與決策人的市場認知、知識面、審美觀和決斷力也息息相關。

(4) 傳播很好，銷售表現也不錯。這個皆大歡喜的結果，應該是所有人都希望看到的。不過，很多職業經理人和供應商還是笑不出來，因為品牌方稱其朋友並沒有看到廣告或者不喜歡這個廣告。品牌方說不好，那麼你再好也等於不好。

原本在一個市場蓬勃發展且到處能看到人口紅利、宏觀經濟紅利的時代，品牌的發展往往隨著市場對產品的龐大需求呈快速提升階段。不過由於市場從一個相對無序的時期走來，市場需求呈爆炸式擴大，常常使得產品的財富累積掩蓋了品牌的時間沉澱。這就是如今臺灣的品牌數量已經有所成長，而真正具有世界影響力和認同度的品牌依然寥寥無幾的原因。在產品先於品牌發展的時候，很多品牌方經常只帶著產品和銷售的視角去看待品牌的行銷與傳播，對品牌的認知度不足，所以總是把品牌與傳播畫上等號。並且在過去的創業和品牌發展的過程中，由於市場紅利較好，缺失對品牌行銷的全面理解和認知，當有一天紅利漸退，需要樹立品牌以繼續保持市場優勢的時候，便慣性地認為新的品牌傳播無效，或者沒有品牌沉澱的主見，形成人為的判斷和人為去干預品牌行銷工作。

行銷效果的快速表達及其滯後性

既然說行銷有用，但無法立刻表現出來，那麼效果與平台、方法、時間有什麼相關性？

在供不應求和非競爭的壟斷時代，或者不完全競爭時代，傳播的必要性較低，只有掌握更大範圍的資訊傳播管道，並在海量的傳播效果前先行轉化，效率才會有所提高。

而在充分競爭和自媒體時代，理論上，面對消費者資訊的可選擇和資訊的龐雜性，傳播的效率有別於原本的垂直傳遞，開始極速下降，短期內難以快速覆蓋，使得大範圍覆蓋到篩選例子的效果變低。但同樣因為這個特性，卻在特定市場和目標受眾的傳播上，從單點入手，影響局部群體，再透過群體間的相互疊加，又部分擴展至全範圍，實現了小眾到大眾的回流，往往能達到更快速觸及的效果。

所以說，在一個被網路資訊攤平的時代，大眾即意味著無感，而小眾則可能成為大眾。很多人擔心自己的品牌太小眾，也擔心行銷的表現方式太過於小眾，總擔心因為小眾而無人關注，接觸面不夠廣，或者大家會不喜歡。他們不知道，今天的大眾，就是從曾經的小眾開始的。每一次社會的發展和時間的更迭，一些技術的創新和人員的變化，必然帶來認知和習慣上的變化。一項技術的出現，早起的時候總是表現得與舊世界格格不入，因為人們在當時當地來看待這個新事物，不能理解，它需要去尋求一小部分能認知和理解它的人，再逐步拓展。那些接受新興事物、有獨特愛好和表現、追求走不尋常路的人，年輕時是小眾，當他們長大後，又有新的一批人加入這個行列，而他們已經開始能接受這個新興的事物，一切的小眾就是這樣在疊代發展的過程中成長起來的，最終才成為大眾；反之，如果一開始就在沒有任何基礎的情況下去尋求大眾的認同，那是非常困難的事情。所以，小眾並不可怕，大眾也並不代表具有絕對和長久的優勢。

行銷效果的更加準確性

新媒體出現後，很多人質疑品牌傳播效果，認為沒有原本傳統管道來得直接和簡單，看媒體給的資料，或第三方的調查研究資料就能知道傳播的效果；自媒體環境中，平台展現的資料和第三方的資料開始備受質疑，有人認為平台資料可以造假，第三方資料不夠全面，最後形成一個矛盾的現象，既覺得這是趨勢需要做，又覺得這是虛假的結果，導致人們不知如何判斷好與不好。

事實上，傳播的結果可以透過多維度進行判斷。一般的傳播，資料上包含平台頁面展現量、直接點擊瀏覽量、網友分享及評論互動量、第三方平台傳播資料趨勢指數，以及第三方調查研究機構對內容、資料、接受管道、接收頻次等資料的統計，還有品牌內部相關人士的感知度，並由相關資料產生的加權平均值。

借用可見的資料和綜合的科學判斷，在網路中的行銷效果要比傳統的行銷更容易看清楚。品牌行銷作為一個長期的行為，如果在短期中看不出前期投入的真實效果，可將行銷時間拉長到一年甚至三年，必定會看到真實的行銷效果，也必然會為我們帶來品牌資產的疊加、市場的反響和銷量的提升。

Chapter 7

品牌的供給側結構性改革及新的經營思路

在網路資訊時代，品牌應該如何追隨時代的變化時刻占有優勢？

資訊技術帶來很多想像空間和要求，但品牌行銷在理想與現實之間該如何平衡呢？

從二〇〇六年開始，伴隨著社群媒體的逐漸成形和發展，「社群化」已成為所有網路產品的標配功能。社群媒體的屬性，讓每個人都成為資訊的獲取者，也成為資訊的創造者，人人皆媒體的時代應聲出現，彼此可以零距離溝通。這第一次解決了人們資訊不對稱的問題，使得人、事、物變得更加透明，也使得時間和空間瞬間被拉近。這就促使消費者在面對品牌時有了更多資訊的了解和對比，讓消費者在市場的選擇中第一次有了主動權，是一種權力的回歸。這個機制進一步加劇市場競爭。一個企業或品牌如果經營得當，可能會被全民追捧，短時間內備受矚目；也有可能因為經營不善，瞬間被全民唾棄，直至破產，被市場淘汰。在這樣的資訊環境下，意味著企業和品牌在經營的過程中需要時刻關注消費者的需求與喜好，努力做到最好；也有利於品牌及時獲取市場的回饋和資訊，為自己的品牌決策提供最有價值的支撐。

我們需要將經濟建立在滿足消費者需求和品牌的發展基礎

上，只有這兩者關係的互相平衡和促進，才能構成強大的市場經濟，才能發展國民經濟。在這樣的情況下，臺灣的品牌似乎稍顯式微，缺少核心科技，缺少時間沉澱，缺少為市場創新的動力。當市場變化的時候，一堆不適應的毛病便顯現出來。最突出的是，很多品牌長期處於模仿狀態，沒有自己的核心技術，這與國民日益提升的生活水準所需要的更高品質的產品和服務配套形成了鮮明對比。老百姓在消費的過程中，以前由於消費水準低和資訊不對稱，便將就使用這些品牌的產品；但現在網路資訊發達、旅遊方便，老百姓隨時隨地都能放眼看世界，找到在這個經濟水準下最適合自己的東西。

在這樣的情況下，品牌自身的供給側結構性改革也必須引起重視和快速啟動。這個供給側改革，主要應該落實到品牌的商業市場選擇、消費者尋找、產品和類別的創新、品牌定位、品牌溝通策略的制定、消費者洞察下的創意表現和服務新時代下的傳播媒介的有效選擇等全方位的改革中。

商業市場的選擇及消費者的尋找是最大機會點

在品牌的供給側結構性改革中，很重要的一部分就是選擇市場，找到值得自己去挖掘的消費群體。綜合自己的能力，去判斷自己在市場中的位置和機會點，成為品牌非常重要的能力。有很多國際的大品牌奢侈品，在國際市場中因為經濟的式微，業績紛紛下滑，最後卻在某國的大城市蓬勃發展。

產品和類別的創新是品牌供給側改革的基礎

找到商業目標市場後，對於很多企業來說，最重要的工作就是思考在這樣的市場中，這個品牌希望切入什麼樣的類別，在這個類別中拿出什麼樣的產品才能贏得市場？

品牌所有者的眼光和經歷以及品牌的能力和優勢，決定了品牌將朝哪個類別發展。微軟創立時，比爾·蓋茲憑著自己在軟體研發方面的能力，加上自己的母親作為 IBM 的高管，確定了做電腦軟體和操作系統是可行的，便進入了這個類別，最後成為這個行業的標準，也是最具影響力的公司。

有句老話說，「一流的企業做標準，二流的企業做品牌，三流的企業做產品」。但在市場的發展規律上，常常是反過來的發展路徑。一流的企業在類別選擇和產品創新上具有優勢，透過創新的產品占領市場，形成品牌，到了一定程度後，便以自己的系統化逐漸地被他人接受，成為市場的標準。二流的企業在自己的產品創新優勢上不一定太大，但花經歷用品牌來彌補研發和技術的短板，並透過市場的認同來修復自己的創新力，最後也能成為一個偉大的企業。三流的企業在產品和類別創新上都沒有優勢，也沒有明顯的品牌特點，那麼它們只能在現有的商業邏輯和標準中尋找一個可以附生的機會，為行業的標準提供服務，透過這個服務拿到比較低又偏穩定的收入。

「宏碁」創始人施振榮提出的「產業微笑曲線」理論盛極一時（圖 7.1），其經過一段時間的研究發現，一個產業的附加價值最高的領域都集中在研發和市場的兩端。占據研發端的企業，透過研發的投入掌握了先進的技術，獲得長久的專利，也將占領市場的制高點，當市場對其依賴程度越來越高的時候，該企業便可以獲得大量的收入，並逐漸成為市場的標準體系。這類企業的附加價值非常高，透過技術的制高點，可以很輕鬆地參與國際的競爭，也必然會帶來來自國際的、更廣闊的市場回報。

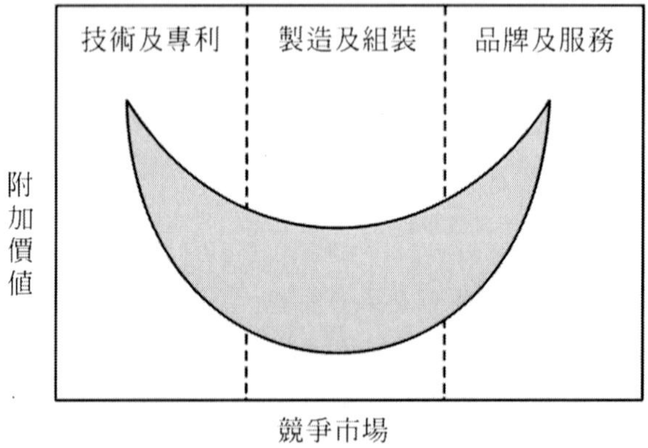

圖 7.1 產業微笑曲線

在市場中占據品牌優勢的企業，由於懂得行銷，具有品牌沉澱，在一些不太要求技術屬性的領域，透過品牌的影響力也能夠很好地贏得市場。畢竟在市場上，最終表現成敗的結果是看被市場接受的程度。而懂得市場，擁有品牌經營能力的企業，最終獲得的附加價值回報會非常高。

品牌的發展和競爭受市場的範圍影響較大，大部分需要從本土文化出發，在最熟悉的區域內競爭勝出以後才走向國際。也因此，品牌在區域內的附加價值內生性比較強，在文化、習慣、認知、政策、消費管道和服務等壁壘的保護下，品牌往往為那些技術優勢不明顯的本土企業帶來生存和發展的優勢空間。

當一個企業能控制微笑曲線的技術和品牌兩端的時候，這個企業也將獲得來自市場的最大利益化回報，這也是當下臺灣的品牌企業需要著手努力改革的方向。從市場的需求出發，市場需要引領生活、改變生活品質的新興技術，市場也需要具有可信度、影響力的品牌來引導消費和提供服務。而在本土品牌還不具備強大的技術優勢時，企業主應該利用本地品牌優勢累積經濟收益，並不遺餘力地著手投入技術研發，才能長治久安，長盛不衰。

品牌的新時代定位和到位的溝通策略是重要指引方向

在品牌的發展史上，總是與行銷發生著不可分割的關係。在品牌的行銷過程中，也隨著人員、科技、資訊和媒體的變化而更迭，不斷推陳出新，構築起人流、物流、資訊流、資金流的多重網路，這也使品牌在行銷的過程中變得越來越難且越來越複雜。

進入網路資訊時代，原來在品牌的創造上創意出奇，做些戶外平面圖、拍個電視廣告，透過強勢壟斷媒體來集中投放，短時間內就能觸及大部分人的時代已經過去，取而代之的是碎片化的資訊網路。在「人人皆媒體、人人皆記者」的環境中，消費者擁有資訊選擇的主動權，品牌曝光在任何角落都處於比較被動的地位。這就使品牌的行銷已經不只是原本的集中式推廣那麼簡單，為了讓品牌在消費者心中正向沉澱，必須全方位服務市場。從產品生產、銷售通路、售前售後服務，到推廣物料、媒介選擇、營運、活動、官方資訊陣地和消費者輿論管理，再到品牌的定位、輸出的理念價值觀、展示的形象等各個角度，都成為需要面對消費者，而且需要及時有效解決的一些工作內容。每一個環節都是行銷環節，每一次行銷都會產生內容，成為品牌的資產，良性的資產可以使一個品牌快速成長，負面的資產也可能使品牌以十倍甚至百倍的速度覆滅。這就是這個時代的有趣之處。

市場那麼複雜，興起的時間又短，很多人並沒有太多經驗，如何才能在新時代的市場中走出對的步伐，在競爭中脫穎而出，不至於在競爭中因為決策的失誤而越做越小，甚至消失在市場中？

在紛繁複雜的市場中，很多品牌方和行銷界人士開始在發展過程中尋找規律。一九七〇年代，以阿爾·里斯和傑克·特魯特為代表的品牌行銷策略大師在實踐中提出了定位理論，在之後的幾十年中，該理論透過帶動一系列品牌的應用和堅持獲得了很大的成功。定位理論提倡透過精準的、簡單的品牌定位，聚焦品牌的優勢和力量進行準確的傳達，努力占領消費者的心智。特魯特諮詢公司從定位理論出發，服務了「AT&T」、「IBM」、「美林」、「全錄」、「蓮花軟體」、「愛立信」、「惠普」、「寶鹼」、「西南航空」和其他財富五百強企業。大量的案例，一直在佐證定位理論的價值。

不可否認，定位理論在一定時期的商業市場上具有獨特的價值，即使到今天，定位理論依然有其獨特的魅力。不過，定位理論在以電視為核心媒介的時代有其成功的地方，但進入網路時代，定位理論開始變得不是那麼有效。在定位理論下，講求企業實力，選擇核心產品，在單一的類別中集中突破，聚焦效應，最終透過不斷地重複去教育消費者，直到占領消費者的心智。品牌的行銷從定位開始，這固然沒有錯，過去的行銷在資訊不對稱、供需間距離較遠的情況下，可以有更多的時間和空間給予品牌不斷的反覆推廣。可是在網路時代，尤其是自媒體時代下的網路，品牌與消費者的距離幾乎是零，可能會面臨你剛一開口就被拒絕的現象，也可能你推廣了很多次最後都被忽略跳過，甚至有可能消費者用了你的產品，最終成為對立面長期反對你的人，幾乎不會給品牌太多的機會。在這樣的情況下，策略定位的過程中，除非你能夠擁有別人所沒有的絕對壟斷資源，或者你的技術真正厲害到可以給人驚豔的感覺，能改變行業和世界，可以如「蘋果」公司一樣，即便停留在原地什麼也不做，也依然能吸引大量的粉絲蜂擁而至；否則，就有可能面臨被淘汰的風險，這就猶如武術運動員，在絕對的實力面前，任何的花招都顯得多餘。而在技術上如果沒有絕對的優勢實力，就只能依靠行銷去獲得消費者的認同，這個認同在新的時刻變化的環境下，還長期靠著一招鮮活的方式，將很難獲得廣泛成功。

在資訊時代，使用者的選擇更加多元，注意力更加分散，對待消費和需求也更加感性和任性。因此，品牌的定位和溝通策略也需要轉換頻道，適時而變，品質和理性資訊交給網路與工具，是一種基礎行為，最終能否影響消費者，更多的是靠感性的理念，即所謂的走不走心。

品牌定位在怎樣的生意上，定位在怎樣的產品優勢上，並在此品牌定位上努力尋求消費者的合理溝通，找到一個策略，是行銷的重要指導方向。

定位是否符合消費者的需求、喜好和習慣，溝通策略上是否能找到一個最有共鳴的切入點，將決定品牌行銷的溝通方式是否能夠更加輕鬆和有效。要持續地緊跟消費者的腳步，已經成為越來越困難的事情，在網路的文化中，不斷地衍生出各種獨特的族群，如奢侈的、文藝的、復古的、未來派、二次元、科技控等，各式各樣，彼此互相包容，又互相隔絕。面對這些紛繁的結構文化，一個品牌要從定位和策略上緊跟步伐，就需要努力讓自己成為其中的參與者，並且保持溝通的狀態，走出屬於自己的符合結構文化的風格。

「老闆電器」是中國知名的廚房電器品牌，經過三十年的發展，其發展歷程也充分展現了一個品牌定位不斷改變和調整的歷程。

一九九〇年代初期，「老闆電器」主打產品為抽油煙機，市場上針對都市廚房空間烹飪的油煙機問題解決產品相對較少，於是「老闆電器」上市之初便因滿足市場需求而受到消費者的歡迎。到中後期，隨著越來越多的競爭對手出現，「老闆電器」開始受到來自中國品牌和外國品牌的雙重競爭壓力。在競爭中，「老闆電器」試圖去尋找一個專屬於自己的品牌定位以區隔於別的品牌。先後從沒有油煙、免洗、創新材料等各種角度去尋找定位點，發現沒有造成很好的作用。彼時，隨著消費者的消費能力不斷提升，市場的開放力度也越來越大，大量的進口品牌進入中國市場。加之外國品牌在製造方面的品質和審美優勢，一度使得中國，尤其是大城市的消費者只信任進口品牌。在這樣的情況下，「老闆電器」這樣的中國品牌壓力更大了。

為了能在市場上占有一席之地，「老闆電器」於二〇〇八年開啟了全新的品牌定位策略。在技術創新、品牌信任度、產品功能、外觀視覺等各方面都不具備優勢的情況下，如何去找到一個區隔於外國品牌又能被市場認可的定位點，成為很重要的課題。經過市場調查研究和分析，「老闆電器」發現，東方的家庭烹飪與西方的烹飪有著本質的區別，華人的烹飪由於飲食文化豐富，煮、炒、煎、炸等各種烹飪方法不一而足，就容易產生大量的油煙；西方的烹飪則非常的簡單，除了少量的牛排類煎煮，其他的都是冷食或烤製，油煙非常少。進口品牌由於品質和品牌優勢，有實力的消費者已經趨之若鶩，在行銷上基本比較少花力氣。既然這樣，説明「老闆電器」還是有機會挑戰進口品牌的，儘管進口品牌品質和信任度更高，但西方的飲食文化決定了進口品牌不能深刻地懂得中式的烹飪文化。於是，「老闆電器」聚焦抽油煙機，推出了大吸力抽油煙機，並在後期的行銷中重點主打「大吸力」。其隱含的含義為，中式烹飪會產生大量油煙，所以需要用更大吸力的抽油煙機品牌才能夠解決油煙問題，而進口品牌不懂這個文化，它們的產品吸力相對較小。配合一系列的行銷，「老闆電器」將大吸力的定位大量地傳播市場，最後獲得了廣泛的認同，抽油煙機銷量不斷上升，直至成為行業的第一品牌。

時間推移到二〇一六年，「老闆電器」已經成為一家廚電類的上市公司，市值一度超過四百五十億人民幣（約新臺幣一千九百一十三億元），其產品類別也從原本單一的抽油煙機，經過幾年的發展，橫向擴展到煤氣灶、蒸箱、烤箱、淨水器等大部分大型廚房電器。此時除了自我的產品變多了，市場上的競爭也逐漸遞增。

除了自己的變化以及其他品牌的變化，更重要的是消費市場的變化。隨著網路的興起，尤其是類似「foodpanda」、「Uber Eats」這類餐飲外送平台的出現和成熟，使得烹飪這件事情第一次出現了多樣性分化。第一類，以「七年級生」、「八年級生」的父母為主力，對於烹飪從家庭的責任出發，強調一種對於家和家人的愛，強調「因愛偉大」；第二類，以年輕人自己的興趣為出發點，烹飪是一種愛好和興趣，也是一種挑戰；第三類，乾脆就不煮飯，去外面吃，或者直接叫外送。對於「老闆電器」來說，它的消費者是哪一類呢？

「老闆電器」在新一輪的定位策略中確定自己的目標消費者為那群喜歡烹飪的年輕人，也許他們可能不會烹飪，但具有熱愛生活、勇於探索的精神。面對市場和自己的變化，「老闆電器」最終選擇未來三到五年內的品牌依然定位在聚焦「大吸力」抽油煙機作為核心資產上，同時輻射其他類別產品。並且為新的定位做了大量的宣傳，可惜受大經濟面和股市大跌的影響，也受房地產面臨的壓力影響，在新策略定位啟動後的半年內，「老闆電器」股市大幅下跌接近五成，讓看好「老闆電器」的人們跌破眼鏡，無法理解。是否股市的下行受新的策略定位核心影響，我們不得而知，但肯定有部分關係，至於新的策略定位能否成功，還得看未來市場的長期回饋。正如一位業內人士所說，「老闆電器」的經營沒有錯，業績也在成長，甚至其業績還是在行業中表現突出者，但市場卻信心不太足，因為市場在變化，如果品牌沒有變化，或者品牌還沒有找到未來的成長點，那在未來的發展上將比較被動。

定位和策略，在品牌行銷的供給側改革上，是一個從頂層開始的設計，也是一個決定未來能走多遠、做多久的關鍵因素。可惜的是，很多企業都缺少長遠思考的眼光，沒有能夠從品牌定位入手，從策略上去整體思考，而是以憑經驗、碰運氣和走一步看一步的習慣性思維來看待品牌的發展。

雷軍在做「小米」之前，是一個從來沒有從事過硬體的金山軟體股份有限公司的從業者。為了創辦「小米」，他幾乎走訪了所有能聯繫的硬體大亨，大部分人都警告他做手機沒有前途，因為市場已經飽和，很難再有什麼大的突破。業內人士告訴他，技術上你不可能有「蘋果」的優勢，品牌上你沒有「三星」的優勢，從零開始在一個陌生的行業做起，八成以上的機率是自尋死路。經過比對和分析，雷軍並沒有被大家的警告嚇倒，反而越發堅定了自己的信心。他除了發現一個目前市場上的機會點，切入價格適中、品質不錯的市場空缺，也經過反覆的思考，決定做一家創新型的網路公司，而這個手機「為發燒而生」。運用網路粉絲經濟的方法，發展自己的核心使用者群，這些愛好硬體也熱愛生活的使用者，讓每個人參與其中，一起去「為發燒而生」，最後看到大量的使用者「為『小米』發聲」，走出了一條不一樣的發展路線。第一步的定位和溝通的策略，為「小米」指引了方向，也奠定了堅實的基礎。

有消費者洞察的創意表達是改革的手段

品牌的行銷傳播最終與消費者直接溝通的都是有具體內容的創意表現，品牌行銷和廣告的發展也基本上是伴隨著創意這一工作。由於創意的視覺和聽覺的表達非常直觀，也是轉化為消費者資訊進行溝通的重要介質。因此使得很多行業之外的人認為行銷和廣告就是創意與設計，其他的都與這個名詞無關。這也使得，好像行銷和廣告這個行業的很多年輕從業者認為，只有做創意才是真的做廣告。

在行銷和廣告的創意工種上，主要分類為設計和文案，根據不同的年資和能力，很無趣地分為若干個級別。這兩個工種根據專案的需求，共同合作為品牌提供相應的創意服務。長期以來，文案和設計既合作又競爭，在不同的歷史階段，有各自不同的歷史作用。早期的廣告主要仰賴設計不同的畫面，呈現產品資訊，便可以完成行銷的任務；後來，在市場品牌競爭越加激烈的時候，單純的平面設計不再能吸引消費者的注意力，此時文案的力量顯現出來，他們利用具有魔力的手為平面設計配上有吸引力的文案，獲得了很大的成功。

人們發現，在現代廣告發展的近一百年的歷史裡，行銷界熠熠生輝的人物，如大衛·奧格威、阿爾伯特·拉斯克、史丹利·雷梭、雷蒙·盧畢康、李奧·貝納、克勞德·霍普金斯、威廉·伯恩巴克等，這些二十世紀廣告界的菁英和精神領袖大部分都是文案出身。

在廣告界，文案的優勢是更懂得理解消費者的需求，然後根據這些洞察去展現廣告的訴求，成功的機率比較高；而設計在這方面相對較弱，那些具有深刻洞察的設計，或者本身就是文案，或者都當藝術家去了。

我們都知道，設計師在視覺上的努力和貢獻，透過廣告逐步地提升各國民眾的品味和審美觀，而文案則在眾多的視覺中吸引人們去關注它，正所謂「一個外在表現，一個內在溝通」。兩者不可或缺，相輔相成。

品牌行銷發展到網路時代，原本單純的文案和平面設計的創意表現開始有了局限。面對網路對於人類所接受的各種資訊形式，如文字、圖片、音樂、影片和技術等多樣性的表達方式，原本傳統的廣告創意思維和模式突然間不再能滿足需求。這要求品牌行銷過程中創意人員的能力要更加全面，文案與設計能力是基礎，在此基礎上懂得消費者的洞察，才是一個創意需要具備的最重要的素養。

由本公司為 New Balance 品牌新品上市推廣執行的案例便是很好的例證。

接到需求時，New Balance 的目標是提升英美產系列產品在華人社會的認知度，促進新品銷售。產品售價在八千五百元左右，目標受眾鎖定在二十五至四十五歲有消費能力的中青年。產品的主要賣點為「這是一款手工製作的鞋」。

這樣的產品，這樣的賣點和售價，以及面向的目標族群，綜合分析來看，似乎沒有什麼大的痛點。如何把賣點轉化為消費者的痛點？如果賣點與消費者的痛點有較大的距離，該如何去找到消費者的共鳴點？這些都是值得在品牌行銷中思考的問題。

本公司經過調查研究和分析發現，手工製作的賣點，在品牌鎖定的大城市似乎並不獨特，大量的定製品牌存在於市場，運動品牌方面，Nike 等也都可以根據消費者的喜好進行定製。因此，手工製作並不是什麼優勢賣點。

如果賣點沒有優勢，是否可以找到另外一個賣點來行銷推廣呢？經過與品牌方的確認和市場上競品的比較分析，項目方看到除了品牌，手工製作已經是最大的賣點。

在賣點沒有優勢，又難以找到其他賣點的情況下，只能寄託於挖掘消費者的痛點。對於鞋類產品，市面上的競爭很大，可選擇的品牌非常多元，產品並沒有太大的區別，消費者可能有的痛點，包括品牌、款式、品質、舒適感、獨特材質、獨特科技、獨特製作工藝、明星同款等，綜合比較，發現此次的產品也並沒有什麼很大的不同。

在產品上市時間越來越臨近的時候，該公司在策略端放棄了從產品出發去尋找消費者的關聯性，而是轉變了思路，跳開鞋的市場去思考鞋。他們發現，如果從產品出發沒有優勢賣點，很難找到產品與消費者的直接痛點，那麼應該從消費者本身及社會生活的角度去思考他們的共鳴點。在行銷中，消費者的共鳴涉及不同的可能性，或者在感官上能夠獲得享受，或者具有社會性，或者能得到超乎想像的利益。究竟這款鞋能夠滿足哪一點共鳴？

本公司試著將消費者的共鳴點設定在具有社會性的工匠精神上，一下就找到了有利的突破口。只要品牌方在這樣一個共鳴點中合理地演繹和表達，就能夠形成較好的溝通和宣傳作用。

策略的方向找到後，本公司迅速將這個傳播專案的溝通主題定為《致匠心》，並且制定傳播及溝通的完整計畫。

計畫中，希望找到一位合適的明星或名人來進行產品代言，該代言人需要具備匠心精神，同時也需要具備知名度。有趣的是，在代言人的選擇中，知名度和匠心並舉的人選成為一大矛盾。在社會和生活環境中，往往有匠心精神的人都沒有知名度，他們都是默默無聞地在某個領域努力工作，有些在特定的領域很有名，一旦跨出這個領域，就無人知曉，這樣的人在傳播上就沒什麼優勢；而大部分知名的人，如明星，他們有極高的知名度，卻大部分演而優則導，導而優則唱，往往是為了獲取最大的經濟效益而身兼數職，這樣的行為也沒有什麼工匠精神可言。於是，選人的事情便陷入了困境。

經過大量的比對和分析，最後項目方鎖定了知名音樂人李宗盛，而且可說是唯一選擇。原因有以下五點：

第一，李宗盛是一個非常符合匠心精神的人物，李宗盛一直專心於音樂事業，三十多年來，寫了不到三百首歌，是量少而多精品的代表；

第二，李宗盛的知名度和影響力足夠，直到今天，李宗盛的演唱會還經常一票難求；

第三，李宗盛的目標受眾正好是二十五歲以上的成熟青年，他的大鬍子形象與匠心精神也非常吻合；

第四，李宗盛自己也在經營一個手工製作的吉他品牌，彰顯匠心精神，與 New Balance 運動鞋的手工製作遙相呼應；

第五，李宗盛近些年沒有什麼品牌代言，正好是代言空窗期，也是代言價值最高的時候。

於是，項目方和品牌方迅速採取行動，與李宗盛進行溝通，並簽訂相關合作協議。緊接著以李宗盛為對象，為專案進行了針對性的創意。圍繞李宗盛的創意如何表現才能夠受消費者的青睞？這成為很重要的著力點。根據傳播的需求，涉及戶外平面圖、主題影片和發表會等內容。影片創意中，設定李宗盛與消費者分享自己追求音樂的經歷，也分享對於匠心的理解；畫面中展現他非常努力、專注和享受地進行音樂創作和手工吉他的製作。整個過程中，將手工做鞋的過程與之交相呼應，展現了產品、代言人和匠心的完美結合。

《致匠心》文案：

人生很多事急不得，你得等它自己熟
我二十出頭入行，三十年寫了不到三百首歌
當然算是量少的
我想
一個人有多少天分，跟他出什麼樣的作品
並無太大關聯
天分我還是有的
我有能耐住性子的天分
人不能孤獨地活著
之所以有作品，是為了溝通

透過作品去告訴人家心裡的想法
眼中看世界的樣子
所在意的，珍惜的
所以，作品就是自己
所有精工製作的對象
最珍貴，不能替代的就只有一個字 「人」
人有情懷，有信念，有態度
所以，沒有理所當然
就是要在各種變數可能之中
仍然做到最好
世界再嘈雜
匠人的內心絕對必須是安靜安定的
面對大自然贈予的素材
我得先成就它
它才有可能成就我
我知道
手藝人往往意味著
固執，緩慢，少量，勞作
但是這些背後所隱含的是
專注，技藝，對完美的追求
所以
我們寧願這樣，也必須這樣，也一直這樣
為什麼
我們要保留我們最珍貴的，最引以為傲的
一輩子，總是還得讓一些善意執念推著往前
我們因此能願意去聽從內心的安排
專注做點東西，至少對得起光陰歲月

其他的就留給時間去說吧

於是，在精心準備的新品發表會上，邀請代言人李宗盛來演唱自己的歌曲〈山丘〉當作開場，產品發表完的同時，戶外的平面圖正式上刊、主題傳播影片正式開始網路傳播，一時間感動和震撼了很多人。在浮躁的社會中，在經濟發展的洪流中，很多人被利益沖刷著，越來越著急，越來越不能沉下心來做那些喜歡和該堅持的事，甚至逐漸迷失了自己。此時，有一位自己喜歡的人以他的行動來告訴自己，專注做點東西，對得起光陰歲月，其他的就留給時間去評判。這是一種情懷，一種信念，也是一種態度。整個創意的表達，洞悉了很多人的內心，也為很多人指明了方向，那些手工製作的，用匠心精神呈現出來的作品，都值得每個人認真地感受和體驗。

最後，整個案例成功地被消費者大量關注和自發傳播，成為一個現象級的傳播案例，並且也為產品的銷售造成了很大的推動作用。對於消費者的洞察和每一個執行的細節，成就了這樣一個具有突破性的創意表現。

媒介的精準有效是重要的考量指標

在品牌行銷供給側改革中，不論策略和創意怎樣，最終都要落到傳播的效果考量中，而傳播的媒介經過一系列的變化，從以電視和報紙為主導的傳統媒體，到以網路為中心的新媒體，發生了很多有趣的變化。這種變化，也是媒體從壟斷走向分散型發展，最後走向自由競爭的過程；同時，也為品牌的行銷效果拓展出新的可能性。一開始品牌只是將預算的一小部分分到網路中嘗試一下，慢慢地發現，很多人把主要的時間都花在了網路上，YouTube、Facebook、LINE 等媒體占據了消費者的大部分時間。傳統媒體對網路媒體從看不著到看不起，再從看不上到看著著急，逐漸轉變；當年輕使用者因為網路的資訊瀑布逐漸遠離傳統媒體時，從業者才發現需要以網路為中心，帶著網路思維去做傳統媒體。

儘管媒體從傳統向新媒體不斷轉型，很多人卻陷入了行銷效果衡量的困境。在品牌競爭較少的傳統媒體時代，很多新品牌只要透過電視台投放廣告，便會得到媒體端提供的效果資料，覆蓋了多少人，同時銷售也在成長，投入和產出似乎相得益彰。在網路新媒體時代，很多人卻看到，傳播效果很難分類，都是大眾覆蓋，傳播效果與銷售似乎無法產生直接的呼應關係。

其實，這是一個階段性的問題。

第一，消費市場和消費習慣全都在線下通路和傳統媒體上，當市場對產品的需求處於供不應求或者競爭較小的時候，品牌可以享受人口和市場的紅利，借助壟斷型的媒體，集中引導，很快就能取得良好效果。

第二，消費市場從原有模式向新的模式轉變的過程中，注意力首先是朝著新媒體快速轉型，但消費習慣滯後於資訊獲取管道。此時我們會發現，儘管在新媒體中的傳播效果非常好，但銷售的表現卻沒有預期的反響。這時很容易引起品牌對於新興事物和新媒體環境的質疑。

第三，當品牌方還在質疑的時候，消費者受注意力的影響，逐漸將消費習慣轉移到新媒體中的新方式，從傳統通路的消費購買逐漸轉移到網路的電商中。這個轉變會從一些價格相對較低的消費品開始，進而走向價格較高的標準化產品，然後在傳統通路消費和新媒體通路消費中進行一段時間的互補與共享，達成新零售的過渡階段，最後走向高價值非標準的類別，這就完成了全類別消費習慣的轉換。

當消費市場進入新媒體的階段和環境，因為網路資料的可追蹤性，本質上有利於品牌行銷效果的追蹤和統計。

在行銷效果可追蹤和統計的網路新媒體環境中，媒介的精準推廣成為一種可能。品牌在行銷和推廣的時候，將從不同媒體間的消費者資料進行投放判斷，也能根據資料分析和消費者的結構尋找更精準的投放方式。

隨著資料的清晰可見，品牌的行銷在媒介上的精準和實效將成為供給側改革很重要的一部分。在這樣一種機制和思考邏輯的基礎上，將會逐步地讓品牌的推廣、消費者的影響、品牌力的累積和產品的銷售等各個維度越來越清楚地找到關聯性和精準度。

把品牌行銷部門和代理公司當成一個生產力部門

在品牌的發展史上，品牌內部的各個部門隨著時間和市場階段的不同，其重要性與地位都有很大的不同和變遷。在早期供不應求的市場環境中，人們會發現，市場時刻在等待品牌將產品供應市場，此時生產部門便造成了至關重要的作用；在競爭較大的供求相對平衡或供過於求的階段，銷售部門往往決定了一個品牌的興衰，生產部門生產出的產品只能寄託於銷售部門努力銷售，銷售部門就成為一個賺錢的部門，讓很多人羨慕不已；到了市場充分競爭的時代，很難再依託於單一的線下銷售，要想獲得成本更低、範圍更廣的產生效益，品牌行銷成為一個重要的選擇。不過品牌行銷是一個累積和長期的動作，其效果也有相應的滯後性，當品牌發展到一定程度後會發現，短期內的品牌行銷並不會產生大的品牌營收的影響，但長期來看卻會有深刻的影響。問題在於，這種長期性和滯後性為很多品牌行銷從業者帶來了不少困擾，尤其是在當下網路資訊時代，行銷傳播的努力與結果無法形成直接的掛鉤和回饋，也容易造成工作的績效不被認可。有時，傳播的效果和數據非常好看，影響力也很大，但企業主往往會認為那是因為自己的品牌好或者通路好才能帶來好的效果，因為公司的銷售一直是這樣做，一次或幾次的略好並不能證明什麼。凡此種種，常常使得行銷部門啞口無言。

品牌行銷部門由於是花錢的部門，始終被品牌方內部認定為是一個消耗的部門。很多企業主認為，花錢的部門不產生直接利潤，儘管他也知道品牌行銷肯定有價值，透過行銷可以讓更多消費者知道品牌，但所有的數據之間並沒有相關性，總是需要對這個價值產生一些懷疑。

品牌行銷部門究竟是消耗部門還是生產部門？該如何理解？又該如何界定？

在大部分的成熟品牌中，品牌行銷上的年度預算基本定在百分之三到百分之十五，以品牌年度收入四十億元計算，行銷的預算在一億元至六億元之間，如果沒有將這筆錢花出去，用以擴大知名度、鞏固現有使用者的認知、提升服務水準、轉化消費者長期好感等工作，那麼短期內對原有的通路銷售沒有太大影響，但超出一年，這個品牌的知名度很快會降低，而認知會很快被消費者遺忘，消費者會覺得服務跟不上，好感度逐漸消失，銷售也就自然受到相應的影響。

所以，很多時候，懂得賺錢是一種生產創造，懂得花錢更是一種生產創造。企業的生產部門和銷售部門是屬於創造價值的部門，其作用是產生具象產品並進行售賣。而品牌行銷則是一個生產抽象產品，樹立產品外延形象和性格的行為。具象產品是生產的核心要素，抽象產品則是生產的精神要素。一個好的產品，透過品牌的行銷才能與消費者溝通，從找準消費者到與消費者展示產品的資訊、形象、性格、故事等一系列的資訊，最後才能真正地占據消費者的心智，並促使他們發起購買和使用的行動。一個產品如果成本是四百元，但實際在消費者不了解的認知裡，可能覺得該產品只值兩百元，但透過品牌行銷的溝通後，消費者認知到產品的作用、價值和內涵，在反覆的品牌行銷觸及下，可能就會在心裡覺得該產品值八百元，甚至更高。因為「硬體」產品本身的競爭很大，真正具有引領和絕對顛覆力的並不多，「硬體」產品很難有相應的優勢；另一方面，「硬體」產品隨著市場的資訊越來越透明，很難有比較高的溢價。

「蘋果」手機之所以能在市場中賣得高價，除了產品上有相應的創新和良好的體驗外，更重要的是「蘋果」手機為人們在行銷端展現的極簡且智慧的生活方式。透過使用「蘋果」手機，人們的資訊交流非常簡單、娛樂方式更加多樣。這種「軟體」才是支撐「蘋果」迅速成為全球第一品牌、迅速占領全球市場、在市場中長期保持高報酬的重要力量。

因此，在市場中，產品是硬體，而品牌行銷是軟體。如果說產品的生產是創造價值的行為，那麼品牌就是一個提升溢價和增值的再生產過程，同樣屬於重要的生產過程。品牌行銷的部門和負責品牌行銷的代理公司，也應該是重要的生產力部門。

Chapter 8
新環境下對品牌方和代理商的挑戰

行業內的人們原本以為，技術的發展會帶來行銷的更簡單、高效地運作還有紅利，但社群媒體和資訊化卻帶來了品牌與行銷的新問題。這個行業的未來應該在哪裡？大量的品牌行銷從業者的價值該如何展現？

自從有正式的商業廣告出現的那天開始，廣告作為商業品牌與消費者溝通的重要方式存在了一個世紀。這個行業承擔了社會對於商品品牌、產品、技術、服務等各方面資訊的傳遞工作，為現代社會樹立起各種大大小小的品牌，深刻地影響著每個人的生活，也是社會現代化一股重要的推動力量。

同時，這個行業也是一個非常綜合的學科，涵蓋了統計學、邏輯學、心理學、社會學、美學、電腦科學等多門學科，不斷地將文字、圖片、聲音、影像和新技術等各種人類感官所能接受的方式綜合運用。

一世紀以來，成千上萬的廣告人努力地參與其中，為品牌的塑造、產品的銷售和聲譽的維護做出了大量的貢獻。隨著市場的全球化發展，行銷及廣告也如流水一般順應了市場的需求朝著全球發展，崛起了大量優秀的廣告公司，也為全球的資源和力量集中優勢，產生了全球性的廣告集團，如「WPP」、「電通」、「陽獅」

等，這些公司在過去很長一段時間風起雲湧，影響著全球的消費市場。根據勝三（R3）公布的資料，二〇一七年全球廣告行銷的規模已經超過六千億美元（約新臺幣十八兆元），形成了很大的市場規模，這個規模卻撬動著超過十兆美元（約新臺幣三百兆元）的龐大消費市場，功不可沒。

不過，隨著網路的發展、電商的崛起和數位行銷的發展，近十年來，廣告和行銷的格局正在改變。尤其是電商、自媒體和大數據的發展，改變了過去傳播的邏輯，衝擊著傳統品牌，也同樣衝擊著為品牌提供服務的各大廣告供應商。傳統品牌被電商衝擊，丟掉了自己的陣地和消費者，走向了沒落和轉型的道路，紛紛在思考電商化，在品牌行銷方面也努力地追求效果行銷的做法。很多大型廣告集團，也被自媒體及資訊碎片化的溝通方式攤平，逐步地被去仲介化，業績不斷下滑。很多諮詢公司憑藉自己的資料分析能力、客戶把控能力和資金雄厚等優勢，紛紛準備接盤廣告這個行業。

但不管怎樣，一世紀以來，品牌公司和廣告公司之間一直存在著一些矛盾無法解決。一方面，在廣告支出中總有一部分費用是被浪費掉的，具體是哪一部分被浪費掉，我們卻不得而知，可是我們的付出必須是百分百的投入，這對品牌公司不公平；另一方面，品牌公司要求所投入的行銷和廣告資源能夠有等量或者更多的銷售產出，如果沒有明顯產出，那就是無效廣告和行銷，這又對廣告公司不公平。可以說，這些矛盾是一個世紀難題。

行銷和廣告的行為是一種為品牌與消費者溝通創造解決方案和架設理解橋梁的行為，是具有藝術性的表達，所以有不可複製和唯一性的特點，也是靠著各自的理解和感知來接受或不接受的，有其主觀性和務虛性的特點。廣告和品牌行銷本身有價值，但因為價值取決於廣告主和消費者的主觀認同，具有不確定性，無法量化；同時，廣告在行銷的過程中既要兼具品牌建設和累積，也要肩負產品和服務的銷售工作，究竟哪個更重要，哪個又占據主導地位，我們無從知道。

對於品牌這個投資商來說，目前的廣告內容創作過程屬於中心化、勞力密集型的生產方式，成本往往隨著社會勞動成本的增加而不斷增加，導致市場的溝通代價極高。儘管廣告的內容大家都公認是一種虛擬的資產，但因為不可累積計價，這種無形的資產無法追溯和累積價值，每一次都需要相應投入去創作，成本不菲。

對於廣告內容創作的供應商來說，除了出售自己的智慧和勞力，從廣告主手裡拿到應得的酬勞，這個行為也就結束了，並沒有由此產生的效果相關性，也無從激勵更多從業者付出更多創造力。就算廣告主願意給更多誘因，往往也不知道如何去計算其中的價值和數量。

在自媒體出現後，廣告的供應商，包括廣告公司、製作單位、媒介公司等各類中間服務商紛紛受到資訊透明帶來的去仲介的衝擊。廣告主可以透過自媒體直接找到各類下級供應商、媒體、個人，從而使得中間環節缺少了資訊的不對稱性優勢，一切顯得非常透明；另外，下游的製作、創作、媒體和自媒體等各個環節又可以透過自媒體和資訊流直接找到品牌方。這樣一個格局，使得各類中間服務商瞬間失去了資訊優勢，價格越來越透明，利潤逐年下降。全球最大的廣告集團 WPP 近幾年的業績越來越差，二〇一七年全年公司的股票市值蒸發超過六十億美元（約新臺幣一千八百億元），二〇一八年三月二日甚至創下單日市值蒸發二十四億美元（約新臺幣七百二十一億元）的震盪。

媒體作為傳播的管道，成為行銷的前線和主戰場，多年來也因為資訊傳播的方式不斷更迭和改變。作為消費者的接觸管道和入口，始終控制著消費者注意力的走向，也因為占據入口的優勢，基本控制了大部分廣告的費用。真正花在消費者身上的有多少，也許只有媒體自己知道。所幸的是，網路等各種媒體形式的發展，使得傳統媒體被分化、消費者注意力被分散，促成了多元的競爭格局。不過，大的平台依然占據了最大的流量和話語權，還是無法擺脫注意力壟斷的現象。當廣告公司及廣告主要求媒體提供相應的真實資料或者要求各平台資料共享以完成效果最大化時，各平台之間因為利益的關係常常採取自我保護或美化自我、貶低他人的方式，而使得廣告的價值評估大打折扣。於是便經常出現廣告資料不透明、資料虛假等有損行業發展的事情，為了保護自己的利益，廣告主也經常或出於保護自我的利益而拖欠行銷費用，或由於沒有行銷預算而騙取供應商和媒體為其投入與付出勞力，形成惡性循環。

品牌、廣告公司和媒體可以說是「相愛相殺」了很多年，理由都是為了市場、為了消費者，好像在這個過程中，消費者只是一個假設和虛構的對象。但真正的市場主體卻是消費者，他們的直接需求、想法和感受以及為消費做出的貢獻，長期以來得不到應有的關注、重視和激勵，這也是過去廣告比較難解決的問題。

全球品牌行銷及廣告這個行業對整體市場的影響很大，市場的繁榮及現代化，某種程度來說有科技的進步、需求的提升、市場的開放等各方面的因素，同時也與各品牌在行銷及廣告推廣上付諸實踐，並持續提升消費者的審美、消費意願以及對美好生活的追求等，各方面的行動息息相關。

這其中，真正能有資源做品牌行銷和廣告推廣的品牌基本是行業規模靠前、為數不多的品牌。這些品牌占據大量資源，卻在行銷端因為成本越來越高、資源競爭同化、創新不足等情況，無法產生足夠大的效益。而一些小品牌，由於資金和資源有限，很難進行有效的品牌行銷工作，就算有好的產品，也無法打開市場的大門。

另外，隨著科技的發展、數位行銷的發展、自媒體的興起，讓資訊更透明、行銷及傳播的方式更多元、消費者的注意力更分散，廣告公司、傳統媒體等又不斷在經受去仲介化的挑戰，業績下滑、利潤降低、生意難做等現象頻現。

這個行業一直存在效率低下、資源壟斷、勞力密集型生產、價值不被認可、成本高昂、無法標準量化、傳播不可追溯、媒體壟斷、資料造假、拖欠款項等各種問題。直到區塊鏈的出現，才為人們打開了一扇窗，提供了一種可能性，也帶來了一個全新的視角和希望。

下篇：

區塊鏈引領品牌行銷及廣告行業的革命

Chapter 9
什麼是區塊鏈

區塊鏈經過近十年的發展，從默默無聞到炙手可熱，被社會和國家看到了其技術的價值，尤其是與區塊鏈相關聯的數位貨幣的盛行，發生了一系列動人心魄的故事，帶動了全社會對區塊鏈的特殊關注。那麼，究竟什麼是區塊鏈呢？

區塊鏈是一種按照時間順序將資料區塊以順序相連的方式組合的一種鏈式資料結構，並以密碼學的方式保證不可篡改和不可偽造的分散式帳本，由此形成的一整套建立在經濟學、會計學、編程學和密碼學之上的技術邏輯。

這一技術邏輯的創造源於一個叫中本聰的神祕人物於二〇〇八年十一月一日在網路中發表了一個叫《比特幣：一種對等式的電子現金系統》的白皮書，吸引了一部分極客的關注，並且與中本聰在網路中進行探討和溝通。經過雙方之間達成共識，中本聰和社區的志願者一起於二〇〇九年三月一日正式開展了比特幣（BTC）系統。這天，中本聰建立了第一個創始區塊，也陸續地挖出了相應的比特幣，比特幣是一種數位貨幣，也是中本聰心目中理想的電子現金，在社區中，大家根據白皮書的理想不斷開發和完善整個系統，並且不斷有越來越多的人參與其中，遵循彼此共識的基礎讓整個系統越來越穩固。二〇一〇年年底，中本聰在網路上神祕消失，比特幣已經在一定程度上風靡全球，而他的這一隱退，卻開啟了一個全新的比特幣認知，也因此成就了一種叫做區塊鏈的技術。

要了解比特幣，我們就需要去深刻地理解一下區塊鏈的具體邏輯和技術特點。

區塊

區塊是指組成區塊鏈的各個資料模組，其中包含區塊的基本資訊和交易紀錄兩個主要部分。

區塊的基本資訊也就是區塊頭，核心包含頭雜湊值（上一個區塊的父雜湊值）、父區塊雜湊值（上一區塊的頭雜湊值）和 Merkle 根（本區塊的雜湊值）、時間戳（保證各個新建區塊不會重複而以時間的方式來區分的標記）和工作量證明隨機數（為了保證區塊的整理、建立和維護得到獎勵，透過算力進行工作量證明的代碼）。

區塊主體就是區塊的交易紀錄，是區塊最關鍵的部分。透過 SHA256 算法進行加密，形成 Merkle 根雜湊值，與區塊頭相連，保證了區塊主體交易紀錄的安全。

區塊鏈

區塊鏈就是將各個記帳區塊用 SHA256 算法進行加密，並根據順序首尾相連，組成一個穩定的鏈狀資料結構。本區塊的父雜湊為上一區塊的頭雜湊，也將成為下一區塊的頭雜湊。本區塊的交易資料紀錄透過 SHA256 算法進行加密，便得到 Merkle 根雜湊值，便可使區塊主體與區塊頭相連。每個區塊彼此關聯，首尾相連，本區塊包含上一個區塊的所有資訊，下一個區塊包含本區塊的所有資訊，相關資訊透過雜湊散列進行連接，既保證了關聯性、公開性，又保證了安全性。

交易及挖礦

區塊鏈中由交易、支付和轉帳等行為產生各類新的交易資訊，系統設定每產生一個交易資訊便透過社區網路進行廣播，並由社區進行驗證和記錄，最終寫入帳本，這就是交易的過程。而對相關交易資訊進行整理和驗證，並建立區塊的人或節點便稱為礦工。礦工建立區塊，並透過提供算力進行工作量證明，而獲得記帳權的過程便稱為挖礦。

挖礦的過程

第一步：組合隨機字元串。

將「前一個區塊的 SHA-256 函數值＋這個新區塊的基本資訊＋這個新區塊所包含的所有交易記錄」透過雜湊算法公式組合成一組新的隨機字元串。

第二步：尋找一個隨機數。

在這個新字元串的末尾加上這個隨機數，組成第二組新字元串（一個兩百五十六位二進位數），假設機制設定確保這個字元串的前五十位全是零，則完成挖礦工作。隨著時間推移，挖礦難度會根據區塊鏈機制增加，如要求計算出字元串前五十三位都是零，尋找隨機數的挖礦難度就會成倍增加。

第三步：挖礦獎勵。

挖礦後將結果公布出去，便搶先拿到建立區塊的權力，可以在該區塊中為社區整理交易紀錄，並獲得相關獎勵＋該區塊的其他交易費。

第四步：共識維護區塊。

透過鼓勵挖礦，獲得記帳權，並對區塊鏈進行維護，保證安全和穩定。

比特幣

比特幣是在區塊鏈中，礦工整理交易記錄並創建區塊，以及維護區塊鏈穩定過程中透過挖礦的工作獲得的勞動獎勵。比特幣是一種對等式的數位貨幣，也是一種去中心化的電子現金支付系統。比特幣以其去中心、對等性、唯一性、匿名性、稀缺性、可切割性、安全性等特點存在於區塊鏈中，成為具備貨幣屬性，甚至優於黃金屬性的數位貨幣。建構於區塊鏈基礎上的比特幣，設定的規則按照首年挖礦每個區塊獲得五十個比特幣，並根據每四年減半的原則實施，總量不超過兩千一百萬個比特幣，最小單位可以切割為小數點後八位數。

比特幣從二〇〇九年問世，經過社區的逐步呵護和大量愛好者的支持，從原本的價值接近於零到價格最高上升至兩萬美元（約新臺幣六十萬元）的高點，價格上升超過兩千六百萬倍之多，總市值高點時一度超過三千兩百億美元（約新臺幣九兆六十億元），帶動整個數位貨幣的總市值飆升至接近兆美元。與此同時，比特幣為了保證絕對的公平和安全，實行透過算力競爭記帳權的挖礦機制，使得全球算力飆升，峰值時甚至達到 32eh/s（每秒三十二兆個雜湊），導致每年電量消耗超過一百兆度，相當於全球用電量的百分之一。價格的飆升和能源的損耗，使得比特幣被大批的人瘋狂追逐，也總是被推上浪費能源的詬病中。

區塊鏈和比特幣的誕生，是中本聰的天才創造，但並非是完全從零開始的獨創，也不是突然冒出來的技術和事物，而是科學家多年來努力的探索和嘗試，最終才在中本聰的手上化虛擬為神奇。

一九七六年，曾經的諾貝爾經濟學獎獲得者，著名經濟學家佛烈德利赫·馮·海耶克發表了《貨幣非國家化》一書，在當時國家資本主義盛行的時候，並沒有太大的影響，後來卻越來越引起人們的關注。海耶克在該書中認為：既然人類社會的商品生產和流通是透過競爭達成了更高的效率，那麼貨幣也應該激勵競爭來達成效率和價值，而不是由國家和政府壟斷貨幣的所有權，致使其效率低下，因為歷史上的貨幣本身也並非一直屬於統一的國家所有。某種程度上說，這本書奠定了比特幣和區塊鏈的經濟學基礎。

同年，著名密碼學家懷特·迪菲和馬丁·赫爾曼共同署名發表了名為《密碼學的新方向》的論文，引起了很多人的思考。

一九七七年，三位美國教授羅納德·李維斯特、阿迪·薩莫爾和倫納德·阿德曼共同提出 RSA 加密算法（即非對稱加密演算法），使得密碼學在實踐中更進一步。

一九八〇年，瑞夫·墨克提出了墨克樹（merkle tree，雜湊樹）資料結構，讓密碼學的驗證更加簡單和優化。

一九八二年，知名的圖靈獎獲得者萊斯利·蘭波特在研究電腦和早期人工智慧中提出「拜占庭將軍問題」，引發了算法上的廣泛思考和討論。

同年，密碼學家和電腦技術專家大衛·喬姆與合夥人一起商業化了一套叫 e-Cash 的密碼學電子支付系統，旨在透過加密的方式讓電子支付更安全可靠。後來該技術受到很多人的認可，但由於大衛本人的情緒化和傲慢心態，以及在團隊管理上的缺失，使得該項事業不能持久推行下去，最後在波折中淡出了人們的視線。

一九八五年，著名數學家尼爾·科布利茨和維克多·米勒提出了橢圓曲線密碼學（ECC），透過橢圓曲線數學，達成以更小的密鑰建立更高安全性的公開密鑰加密的算法。

一九九七年，愛登·貝克提出 Hashcash 雜湊散列 PoW 算法，是一種工作量證明的機制，該機制旨在用於抵抗郵件的拒絕服務攻擊及垃圾郵件濫用，後來被微軟等公司廣泛應用。

一九九八年，密碼學家 Wei Dai 和尼克·薩博分別提出了

B-money 與 BitGold 的設想，希望可完成一種建立在密碼學基礎上的去中心化貨幣。尤其是尼克·薩博的理論和他的博學多才，一度使人以為他就是中本聰本人。

一九九九至二〇〇一年，Napster，eDonkey2000 和 BitTorrent 等對等式的分散式網路平台相繼出現，並獲得了大量消費者的喜愛，開啟了網路資料 P2P 傳輸和共享的風潮。

二〇〇二至二〇〇五年，由美國國家安全局（NSA）設計，美國國家標準暨技術研究院（NIST）先後發表了 SHA-1、SHA-2、SHA-3 等系列算法，並透過大量的防碰撞攻擊測試，進一步提升了算法的安全性。其中 SHA256 算法被選為比特幣的算法之一。

二〇〇八至二〇〇九年比特幣正式誕生，中本聰結合前人的理論和技術，將密碼學、經濟學、編程學和會計學進行了有系統的組合與創作，完成了區塊鏈的全新技術。

區塊鏈在一整套技術和共識機制的保護下，帶來了一系列的技術特點。

首先，每個節點的交易紀錄透過區塊的挖礦獲得記帳權，並且在密碼技術的保護下完成了分散式的儲存，因為分散的方式，使得其不需要中心化的伺服器，達成了去中心的模式。

其次，區塊鏈在密碼學和算法的保護下，進一步完善了保護機制，以一個不可逆的方法讓系統不可篡改，如果要篡改，需要經過整個社區超過百分之五十一的人同意，這幾乎是不可能的，讓密碼的破解難度隨著參與的人增加而提升。區塊鏈採取的

SHA256算法，其指數為二的兩百五十六次方，這是一個天文數字，相當於宇宙原子的總和，結合其互相儲存、互為關係的分散式加密儲存機制，在目前的條件下，幾乎規避了破解的可能。

再次，在安全和分散式共享的基礎上，將區塊鏈的體系完全公開和透明，達成了社區共同監督和共同管理。結合區塊鏈中的通證挖礦獎勵機制，所有參與方可以根據勞動所得獲得相應報酬。讓區塊鏈真正推行自我組織，集體共識、共同維護和共同分享等政策，讓資料資產得以確權。

最後，建立在區塊鏈的特性基礎上，使得所有的事情都基於一個安全可靠的生態，人人按照代碼和程式的既定規則辦事，獲得應有的利益和報酬，讓生態自如運轉。這又脫離了現實社會以國家機器和法律為基礎的傳統中心化的信任體制，躍升為以代碼和機器為基礎的信任機制。在代碼的標準下，在合約的要求下，在通證獎勵機制下，社區達成去中心化的信任自治。

因為去中心、分散式、去信任、集體共識、不可篡改和安全性的特點，成就了區塊鏈不同於任何技術，具有極高的革命性價值。比特幣使貨幣數位化，第一次真正地讓貨幣透過網路的形式存在和可交易，具有貨幣和黃金的屬性，而優於黃金。擺脫了貨幣由某一個權力機構中心化發行的壟斷和不可信，達成了由去中心化的系統發表，由參與方共同擁有，完成了一次全新的資產確權的革命。

比特幣作為數位貨幣的偉大現身，第一次完成了價值可資料傳輸的進化，這無疑是一場偉大的技術進步。但比特幣的底層技術，區塊鏈則更受矚目。除了貨幣價值之外，區塊鏈的出現，解決了人類歷史上很多無法解決的難題。那些需要公開透明而又受安全制約的問題；那些需要共享才能解決而又不能共享的問題；那些由中心化的機構或組織壟斷，而大部分人缺少權力的問題；那些價值收益被少數人占有，大部分勞動者由於機制問題無法獲得應有的勞動報酬的問題等等，這些問題都因此而看到解決的可能性。

第一，區塊鏈的價值體系第一次展現了價值可資訊傳輸，讓虛擬的世界有了價值機制，也讓資訊的網路完成了價值網路的偉大轉型。這一轉型具有極大的想像空間，也成為很多行業和事項的數位化轉型的重要價值根基。

第二，區塊鏈去中心和分散式的特點，讓人們看到了每個個體的權力和維護這個權力的可能性。每個人作為一個天賦人權的個體，將擁有其應有的權益，不應該受到中心化的權力壟斷機制的制約。每個個體可以在分布式的生態中開放自己的行為，共同為這個自我組織網路服務，也獲得對等的報酬。

第三，區塊鏈匿名性、唯一性的特點，呈現了每個人權益的安全性。每個人身為唯一的個體，在社會中具有唯一的權力，也應該被很好地保護隱私。有了區塊鏈，既可達到公開透明，又能達到唯一不可被篡改的自我安全保護。

第四，區塊鏈達成了集體共識，在一個無組織的組織中，形成了集體的機制共識，拋棄了人情冷暖的不可靠信任，真正達成了去信任的信任，是一次權力的回歸，也是一次意識的覺醒。組織的各方，透過科學的方式，共同維護系統的穩定。

Chapter 10 區塊鏈將顛覆世界

很多人說，區塊鏈只不過是一個小小的技術創新和理念，它真的具有那麼高的價值和那麼大的能量嗎？如果有，它將會如何影響世界和未來呢？

區塊鏈從一小部分理想主義者的實驗開始，慢慢地在幾年後進入各個國家和專家的眼簾，並因為大量菁英的教育和數位貨幣的大幅上漲而引發大眾的高度關注。

在關注之外，很多人看到，區塊鏈並沒有那麼簡單，它的技術邏輯和價值體系堪稱一種顛覆，是一件了不起的事情。在不久的將來，一個以區塊鏈推動的變革將會快速來臨。

區塊鏈技術解決中心化弊病

區塊鏈技術具有分散式儲存、雜湊加密、公開透明、不可篡改、集體共識的技術特點，其核心是解決儲存、安全和共識的問題，在三個問題得到解決的基礎上，又無形中形成了一個去中心的價值。

當今社會已發展到網路時代，人類的行動速度、資訊流通速度都在快速提高，但人們發現，集中的生產、集中的流通、集中的管理、集中的資訊、集中的財富、集中的權力等幾乎所有中心化的模式都有一系列的問題而無法得到解決。集中在一定程度上產生資源的統籌配置，也許有利於效率的提升，但集中帶來的是利益的不均衡、不公開透明和缺失公正公平。政治上的過於集中，往往帶來集權的結果，於是人類努力希望在保證效率、發展的道路上達成公平，這便有了民主的設想，但由於人口眾多，大部分只能採取仲介式、代表式的方式來達成相對的民主。在經濟上，過度的集中常常產生壟斷，也就容易產生經濟的發展失衡、貧富差距加大，於是不得不透過政治的手段進行干預，或者直接陷入某種形式的「強取豪奪」；在思想上，過度的集中常常由於無知所致，總是受制於強權或利益的牽絆，不斷地陷入秩序的混亂。

天下大勢，分久必合。過去由於生產力不高，人類為了生存和發展而集中在一起，一起去獲得食物、尋求發展，從部落到奴隸制、封建制、資本主義制度，幾千年的時間，將集中的效用發揮到了極致，也是符合那個時代需求的一種方式。可以說部落是食物的集中，人們透過統一捕獵或勞動，將食物集中在一起統一分配，以保證集體可以存活；奴隸制是人力的集中，奴隸主將奴隸集中進行勞動，獲得一小部分人的生存條件的維持和提升，而讓大部分奴隸的利益受損；在封建社會中，當人口越來越多，人們發現一切的利益爭奪都集中在人口和土地上，於是將土地進行集中分封和管理成為重要的手段；資本主義時代的生產力第一次擺脫人力，生產資料成為重要的資源，在資本和利益的驅動下，資源開始向工廠集中，以求產生規模效應，提高效率、降低成本。網路的發展，從資訊開始突破了原有的集中模式，走向了多中心和去中心的碎片化傳播，使得原本集中的模式開始變得資訊越來越透明、選擇越多、競爭越大，從而走向了分散。不過人們發現，資訊化下的網路雖打破了資訊的壁壘，卻跳入了新的平台和流量集中的魔咒，過去資源集中產生價值，如今變為流量集中產生價值。「Facebook」、「YouTube」、「亞馬遜」、「Google」等都是網路下流量集中模式的代表，慢慢地人們發現並沒有與原本資源集中的時代有什麼本質的區別，只是從原本的線下資源集中，轉向了線上的流量集中模式而已。

天下大勢，合久必分。當今生產力已經隨著自動化和科技化的發展產生了很大的飛躍，再加上資訊的去中心化疊加，讓全人類從意識形態開始有了更多的自我意識，為生產力的發展和需求的變化帶來了越來越強烈的個性化需求。自我意識和個性化需求以及科技力量的提升，在無形中指向了一種去中心化的社會發展方向。

一個中心化的國家和社會最核心的三件治理工具是：軍隊、法律和貨幣。

軍隊掌握在執政者手中，是國家和社會維護穩定與權力的最後防線，但一些理想主義者看到，因為軍隊的權力集中，歷史上總是因為利益天平不能平衡，在一個個臨界點便引發了人類自相殘殺的悲劇。

法律是維護社會秩序的最重要準繩，也是人類社會進步的重要標準之一，社會在法律的框架之下進行平衡和發展。但法律在中心化的社會中，經常成為利益主導方的工具，過去國君制定律法維護國君的統治地位，後來資本家制定法律保護自我的財產，依然有人為的因素，有失天下為公的大範圍公平。

貨幣是國家以價值手段進行市場調控的方法，但貨幣的權力過於集中，常常由於貨幣的增發，導致貨幣的貶值和通貨膨脹。一九三三年，經濟危機剛剛結束，美國政府為了穩定市場，決定以一百美元為單位向國民收回手中的黃金作為儲備之用，以此共渡難關，當老百姓都將家裡的黃金如數兌換給國家之後，政府很快增發了三倍的貨幣，導致手上拿了美元的民眾財富快速縮水。此類事情時有發生：委內瑞拉二〇一七年貨幣貶值超過一千倍；二〇〇八年，俄羅斯在經濟危機來臨時以刺破匯率的方式來保護房產，從而導致貨幣迅速貶值；辛巴威的貨幣二〇〇八年通脹達到最高點，通貨膨脹率超過百分之兩億三千一百萬，最後政府離奇地發行了一百兆面額的新鈔，但實際價值僅有二十五美元（約新臺幣七百五十三元）。

二〇〇九年比特幣問世的時候，中本聰在第一個區塊中提到一句具有諷刺意味的話「The Times 03/Jan/2009 Chancellor on Brink of Second Bailout for Banks」（譯文：二〇〇九年一月三日，英國首相正準備第二次拯救銀行），他希望創造一種可以脫離中心化弊病的、歸屬於全體民眾的、公開透明的、安全的可對等式交易的電子現金。比特幣成功實踐了中本聰的部分理想，創造了一個去中心化的加密數位貨幣，也同時誕生了區塊鏈的技術屬性。人們深刻地去領悟比特幣和區塊鏈的內涵與特點，不禁大為驚訝。比特幣創造了第一個可以透過數位手段來發行的貨幣，不需要依靠某一個中心化的機構和伺服器，不歸屬任何一個人便可以運行起來，達成了去中心下的價值流通。就算未來比特幣不一定會成功，但其底層的區塊鏈技術卻意義重大，肯定會因此而誕生其他具有價值的數位貨幣。

對於區塊鏈技術，很多人乍一聽，會覺得不過就是一種分散式帳本，沒什麼大不了的創新，但仔細領會便會感覺混沌中出現了一絲亮光。尤其是其去中心的理念，結合獎勵機制，將使中心化的社會逐步被瓦解。很多仲介式的領域因區塊鏈技術而逐漸消亡，供需雙方可以更直接地建立關係和達成交易。從記帳開始，社會中的各類交易，在區塊鏈的基礎上交易即完成記錄和儲存，基礎的會計會被削弱，銀行、保險、審計、廣告等中間方也將被逐步地轉向或取代。那些需要透過中間方提供服務、效率較低、成本高昂的工種，在區塊鏈面前將越來越顯得無法生存。

普華永道會計師事務所於二〇一七年突然宣布將全力轉向做區塊鏈的審計，它覺得，如果不及時轉型，那麼在不久的將來有可能會因為沒有競爭優勢而宣布倒閉。區塊鏈的技術以及區塊鏈的通證體系完成了交易即支付、支付即結算、結算即審計的強大功能，與過去中心化的中心會計處理模式有很大的不同，這將是一個不可阻擋的趨勢。

區塊鏈的價值體系將革新貨幣和金融

佛烈德利赫·馮·海耶克的《貨幣非國家化》一書在經過一段時間的沉寂後，從一九八〇年代開始引起很多人的關注，逐漸有很多密碼學界和經濟學界的人開始思考一些現代社會的經濟問題。究竟現有的一系列經濟危機是怎樣引起的？政府透過貨幣發行來掌握貨幣的寬鬆和緊縮的政策是否能夠找到很好的規避危機的辦法？貨幣除了透過國家來調控，還有更好的方式來保證穩定嗎？金融的逐利性特點鮮明，憑什麼美國西海岸代表二十一世紀的大量科技公司要受制於東海岸代表二十世紀舊秩序的亞洲金融風暴？

此後的多年，發生了包括密碼龐克運動、二〇〇八年世界金融危機、二〇〇九年中本聰的比特幣發行、二〇一一年占領華爾街等事件。這些事件都成為一種舊秩序力量與網路科技為代表的新秩序世界的不兼容，也代表一個新秩序力量與舊秩序力量的某一種抗爭。最後，中本聰的一本小小的白皮書經過無組織且自發的方式，居然無意識地被全球許多年輕人接受，颳起了一場加密貨幣的旋風，也帶來了區塊鏈的技術思潮。

區塊鏈創造出的安全、透明和對等式的數位貨幣，結合其獨特的挖礦獎勵，全民共同參與，各自按照勞動和付出獲得報酬，在價值的基礎上達成共識。基於數位貨幣的唯一性、安全性、稀缺性、可傳輸性，具有貨幣的屬性，使得區塊鏈形成了區別於傳統法定數位貨幣的全新價值體系。只要民眾具有相應的價值共識，便可以借用數位貨幣進行等值交易，第一次在網路中將協議、交易記錄和貨幣進行直接的關聯。這為未來的數位經濟環境找到了一種新的模式，同樣也給予以美元為中心的國家貨幣體系一個很大的挑戰。可以想像的是，當越來越多的人踏入數位生活，而貨幣的體系還是紙幣模式，此時有新的更適應數位世界的貨幣模式，那麼將會有越來越多的人逐漸地拋棄舊有的模式。

隨之，一個法定貨幣和數位貨幣並存的新世界格局將會快速形成。首先，變革會從各個國家或機構的利益出發，試圖努力突破美元中心化霸權而尋求發行國家的法定數位貨幣；其次，會有不少自我組織，因為對去中心化貨幣的共識和認同而使其快速得到應用，其中比特幣已經得到很好的驗證；最後，還會產生一系列由品牌、機構主導發行的生態內貨幣。三者互相共存又互相競爭，將逐漸驗證佛烈德利赫·馮·海耶克的貨幣競爭預言。

除了貨幣之外，區塊鏈的數位通證具有的貨幣、股權、股份、證券和憑證等特點，也帶來了完全不一樣的課題。從貨幣和價值鏈出發，將會為金融體系帶來一場風起雲湧的變革。現有的傳統金融系統，在區塊鏈數位通證的優勢壓力下，隨著人們的生活逐漸數位化，現有的金融體系也將跟著數位化。

有了數位通證，從貨幣的角度，國際貿易將變得更加直接，去掉了銀行和匯率結算的聯邦準備系統等中間環節，實現直接對等式的交易、支付和結算。數位通證的發行，從發行方出發，可以直接被市場的消費者所獲得和使用，中間的銀行也將失去其效率，也許現有的銀行將成為法定貨幣和數位貨幣的匯率兌換服務商，僅此而已。

隨著項目和品牌的數位通證的發行，對於市場來說便達成了貨幣、股份和股票的屬性，因此，圍繞某個品牌和項目的交易、資產評估與資產流通也變得更加直接。消費者和投資人只要持有其數位通證便可以購買其產品，只要購買其數位通證，便可以成為其股東，擁有其股票，達到擁有其數位資產的目的。圍繞品牌的中間券商、證券交易所等將逐漸地退出歷史的舞台，取而代之的是新的數位通證的公有交易平台。

在這個邏輯基礎上，圍繞著貨幣和金融的顛覆格局已然開啟，並越來越清晰。

區塊鏈技術解決信任問題

英國人類學家羅賓·鄧巴在研究人類的組織及信任時發現，原始部落大部分的成員數在一百五十人左右，若超出這個數字，其部落內的溝通和合作就比較困難，就需要垂直的組織機制來協調；他進一步研究奴隸社會到封建社會甚至到現代社會，發現有效溝通和信任成員數驚人地接近一百五十人。不管是封建的帝王，還是現代的領導人，實際上一個人的有效溝通都停留在身邊經常接觸的和重要的一百五十個人，社會的變化和人群的擴大主要是垂直的組織造成了協調的作用，使得一個人能夠延伸至更廣闊的社會效益。一個公司也一樣，很多企業在只有一百五十個左右的員工時，其團隊是最為團結的，其工作效率也是最高的，因此有很多大公司，會採取各種制度，將團隊進行分化和分工，以保證團隊能夠按照一個比較高的效率來工作。甚至，當鄧巴把範圍縮小到個人時也發現，我們每個社會的個體，生活中的親人、朋友、同事等關係，有些人的人脈很少，有些人影響力很強，但真正能夠有效溝通和真實信任的人數也都不太會超過一百五十個人。在這樣的基礎上，社會的發展和人類的向外交流緯度越廣，就需要形成一種組織結構來維持這種信任的關係。國家要與千萬的百姓形成信任和溝通，就需要透過垂直的組織制度，透過一級又一級的基層組織成員去實踐。個人要與陌生人達成交易，就需要建立在國家和法律的信任基礎上，透過貨幣來達成，往往需要透過第三方的機構或個人才能夠彼此信任。

直到社群媒體的出現，人們發現，社群媒體在資訊共享的基礎上，讓溝通可以跳躍鄧巴理論的局限，達到非組織的結合，大家根據各自的興趣、愛好、職業、性別等結構和社群達到一種無組織的信任，於是圍繞社群的網路經濟超越了很多人的想像，發揮了很大的影響力。因為資訊的相對透明、及時，可以說，社群媒體在過去十年推動了人類信任從強關係走向了弱關係，使得信任模式有了很大的進步。但是，當要推動整個人類的強信任朝著數位化發展，人們卻發現，依靠傳統的社會體系是無法做到的，即便是依靠網路和社群媒體也做不到。

在過去和現在社會的信任體系中，信任都依託於第三方，國家、法律、見證人，有了這些第三方，信任就逃脫不出不確定性之「熵」。人們發現，歷史就是一個被勝利者打扮過的小女孩，很多時候並不能絕對地反映其真實性和可信性。見證人的存在，有時候是一種對於信任的無奈，但又常常產生見證人的不可信，或者見證人內心與行為不一致的現象。就是到網路和社群媒體階段，在中心化的伺服器間，資訊依然存在諸多不對稱的情況。

當人們還在傳統的信任機制中努力建立秩序的時候，我們發現，圍繞著科技的發展，機器和人工智慧也快速地出現在人們身邊，如何去解決人、機器與社會的信任關係，又成為一個新的問題。

區塊鏈在技術上完全的公開透明、安全加密、不可篡改、去中心和代碼保證，從機制上去達成數位貨幣和集體的共識，無形中完美地解決了這一問題。

在歷史上關於信任問題的經典案例中，「拜占庭將軍問題」是困擾學界幾百年的難題。羅馬國王被敵軍困於城中，自己的十支軍隊分別駐紮在不同的城堡，而圍困國王的敵軍有九支軍隊。為拯救國王，從城中發出指令，軍隊必須在同一時間一起來營救；否則任何一點閃失都會使全軍覆沒從而導致營救失敗。但古代的資訊不發達且無法同步、自己的軍隊中可能有叛徒、某些將軍可能被收買等問題就成為很大的不確定之「熵」。如何保證達成共識和彼此信任一直是個問題。

直到區塊鏈的出現，這一歷史信任問題才得到有效解決，所有的資訊發送由代碼加密，彼此之間相互不知道，收到資訊後還將同步對外公告，在密碼的區塊鏈的機制中不可篡改，在知道共同目標任務和指令後需共同合作才能完成任務，如果有哪一方出現問題，整個任務就無法進行下去。

區塊鏈以技術的手段建立了行為和資訊的儲存有效性，並且達到交易的貨幣和資產的唯一性，在一個完全自動化的公正的機制中達成最廣泛的共識，不依託於任何第三方。由此，全新的、基於代碼之上的機器信任格局便展現在世人的面前。

區塊鏈將改變社會的合作關係

區塊鏈達成了貨幣數位化，解決了基礎的機器信任問題，這為數位世界奠定了一個價值體系和信任基礎。從價值角度，區塊鏈使人們能夠對等式的交易，去掉中間環節，這在很大程度上降低了交換成本，也大大地提高了交易的效率。在交易的效率提升、成本降低的推動下，必然帶來更頻繁的交易，在交易和利益的推動下，又將推動社會合作關係的變化。原來只能在現實世界進行交易和合作，現在可以轉換到完全的數位環境中，原來依託於某個中心機構或第三方信任的模式，變為完全對等式的直接合作，這將帶來生產力的大變革。

為了便於推動生產力的數位化和智慧化轉型，區塊鏈智慧合約的模式可以使合作的各方透過數位協議的方式建立彼此的關聯，從金融開始，將資產和權益確權並打通，圍繞這些價值體系進行重新分配，交易的產品和方式將快速切換頻道。緊接著以價值的路徑推動社會自發建立資訊和資料的聯通，將會為未來資料算法技術和人工智慧奠定重要的根基。

在過去，國際間的貿易受制於距離和交通的制約，開展起來比較困難，但人類透過船運、空運等方式打破了物理距離的限制；同時，為這個遠距離的合作發明了複式簿記的會計方法，解決基於金錢和利益上的基礎信任問題。為了更加緊密地配合，又有了公司制和股份制的合作模式，保證了合作過程中的目標一致和共同努力。再後來，網路資訊的出現加速了資訊的即時互通，也在很大程度上推動了即時協同的需求。但協同和交易合作需要建立在價值體系上，當價值無法即時展現，即時的合作也就難以實踐。區塊鏈及其數位貨幣價值體系的建立，第一次從技術和信任上實踐了這個可能。由此，遠端的合作將更加緊密，未來的社會合作將跳脫出空間和距離的局限，一個需求，只需發出指令，全球各地的人將可以參與合作。比如針對臺灣的市場提出一個理念，接下去的市場調查研究、產品設計、產品研發、產品 3D 打樣、產品測試、產品生產、產品的行銷設計、內容製作、國際貿易等各個環節都有可能分散到全球各地進行，朝著降低成本和塑造更好品質的方向發展。而所有參與方都可以透過勞動付出得到相應的報酬和未來市場的增值，這將大大提升遠端合作的積極性和主角精神。

隨著這種合作打通，一個專案、產品和品牌將會從原本的單一中心化的模式變成一種生態的合作模式，所有參與方在機制和共識的基礎上，彼此無間配合，上下游間、橫向間成為一個有系統的體系。很多行業、領域將逐漸生態化，也將在生態的合作模式下，創造出更大的、超過傳統中心化公司制模式十倍甚至百倍的社會價值。

區塊鏈、資料、算法和人工智慧有系統地結合，在未來的社會合作中，早期是以人為主，努力建立機器的資料庫；中期是人與機器有機合作，機器為人服務;從遠期來看，將會以機器為主，除了在生產力上替代人力之外，還將延伸至生活服務，促使人類朝著新的生活方式轉移。

區塊鏈將重新建構社會秩序

區塊鏈結構從資料底層開始，透過把核心資料上鏈，並且以同態加密和邊緣計算等方式保障資料的安全。在安全的基礎上形成社群共識，相關各方可在共識基礎上根據勞力付出和權益權重獲得相應的獎勵；並且，為了更廣泛地達成多方合作，透過智慧合約，讓資料多維度自由打通和自由交易，以方便更多的應用透過不同的合作服務於人們的生產和生活。

從技術基礎、貨幣、金融和社會合作關係的改變趨勢形成，必然在社會的秩序上產生很大的改變。

從個體的角度出發，區塊鏈的技術特點使得我們的一生將建立起唯一的身分資料庫，這個資料庫由個人和國家共同管理。我們每個人的基本身分資訊、學習資訊、健康資訊、職業資訊、生活軌跡資訊等都即時添加進自我的區塊鏈資料庫中，並且受區塊鏈的保護。個人將有權掌控自我的資訊，所有的資訊和資料可以在各個生態中自由地授權使用，並獲得相應的報酬。

從社會的角度出發，由於所有個體的資訊自動上鏈，市民生活的自動化將多方位落實。圍繞著生產和生活的區塊鏈記帳、存證、審計溯源、真偽辨識、實物資產數位化、資料資產化、支付和流通等多層次將產生新的規則和秩序。食品可以輕鬆溯源，無論是產地還是種植養殖、流通、生產和銷售等過程都清晰可見，無法造假，任何一次違規都會導致下一個步驟無法進行，以此來保證產品的品質。人們的住所全方位地透過人工智慧監視器來監控，保證住所的絕對安全;智慧系統負責管理每個人的飲食起居、健康作息等，系統即時提醒和提供服務。人們的出行、交通的支付、工作的行為甚至是消費的支付等，均與每個人的生物密碼重合綁定，秩序的守約者會暢行無阻，會獲得資產和權益上的累積與獎勵，秩序的破壞者逐漸被規避於文明秩序之外而寸步難行。

人、事和物，是一個社會秩序中的基本單位，圍繞其產生的便是社會關係。當人以及由人組成的社會的基礎轉向新的秩序，滿足人和社會需求的事與物所構成的資產、商品和服務就需要被革新，只有其掌握的秩序以及生產的、流通的和消費的秩序產生變化，才能帶動人的秩序改變。區塊鏈儼然已經將它們緊緊地結合在一起，一個從物（機器）開始的新秩序社會漸漸開啟了智慧的盒子。

Chapter 11

當下品牌行銷和商業市場面臨的問題及行業訪談

當我們去思考一種新技術或一個新方向是否正確時，不論未來的發展如何，很重要一點是需要回歸到現實，一方面看是否真能解決當下的問題，另一方面要看是否具有未來的可持續性和發展空間。既然區塊鏈作為一項技術、價值體系和信任機制，在其技術和理念上如此被看好，是未來科技發展的基礎，那麼從現實的角度出發，它是否真的能解決當下社會的問題？對於商業市場和品牌行銷來說，區塊鏈是否真的具有解決問題的能力？

帶著這些問題，筆者尋訪了各行各業的人，希望可以聽到和看到當下的商業市場與品牌行銷領域存在哪些問題，是否只要稍加優化現有的手段就可以解決，還是說要有新的模式、技術和機制才能夠從根本上解決？

品牌迷途

1. 品牌是什麼

陳剛[1]：「品牌，它功能的最淺層次是一個辨識，就跟名字一樣。大自然的東西都需要名字，別人叫到你的名字，你才能相應

[1] 陳剛，植物油行業協會副會長，中糧「福臨門」行銷總經理。

做出回應。對消費者而言也是一樣，同樣是車，卻有著不同的品牌名字，例如『BMW』、『賓士』，這也是一種辨識。」

「更重要的，我覺得品牌它是一個無形資產。我們講，產品有生命週期，企業也有所謂的存續時間，但是品牌會超越這兩個局限。就同人一樣，它是有生命週期的，『人生不滿百，常懷千歲憂』；但是你會發現，人雖有生命週期，可是他的文字、他的學說、他的思想，甚至他的精神，都是可以傳承的。所以，今天我們一樣去談蘇格拉底、談柏拉圖、談亞里斯多德，然後談兩千多年前的哲學，今天我們一樣會去膜拜義大利的藝術，也一樣會去看世界的人文奇蹟，這類東西是可以穿越時空的。這個就跟品牌價值和作用一樣，所以它最後能夠超越產品的生命週期和企業的生命週期。」

2. 很多人做著品牌的工作卻不懂品牌

徐穎[2]：「品牌是什麼？這個話題對於很多品牌行銷從業者來說，至今仍沒有弄清楚。二〇〇二年我加入 Nike，讓我很震撼的是，那時候我的老闆是公認的整個市場最厲害的行銷專家。他跟所有的同事說，一件全棉的白色 T 恤，如果有『Nike』的標誌，可以賣五百多塊；如果拿掉那個標誌，幫它標價一百元都賣不出去。所以品牌就是溢價，有了品牌，商品才能有足夠的溢價。」

「那麼支撐這個品牌溢價的是什麼？構成品牌的兩個重要維度是功能性作用和情感性作用，決定品牌溢價的往往是情感性作用

[2] 徐穎，乾明天使投資基金管理合夥人，耐吉商業有限公司原品牌長，「帝亞吉歐」原亞太區品牌長，「相宜本草」原副總裁。

的因素。從市場行銷轉向投資職業後，給我最深刻的體會是，站在一個真正的商業市場去看品牌，其實所有的品牌都需要回答幾個問題。」

「第一，你和世界的關係是什麼？這個世界有了你，或者有了你這個品牌，或者有了固定的商業模式，它會有什麼變化？也就是說你真正創造的價值是什麼？」

「第二，為什麼是你？也就是為什麼是你來做這件事，你擁有哪些和別人不一樣的能力與優勢？」

「第三，你是誰？即這個人或品牌與自己的關係。這是大部分品牌回答不好的問題。舉『Nike』為例，該公司於一九七二年正式成立。其創立者菲爾·奈特在其自傳《鞋狗》一書中這樣講道：『我沒有終點線，如果你是一個人，你有身體，你就是運動員，而Nike 就是來幫助世界上所有的運動員提高他們表現的，只要每個人與 Nike 同在，就可以學習運動員的精神往前走。』這就很好地回答了『我是誰』的問題。所以『Nike』的品牌力量很強，甚至給人錯覺以為是個百年品牌，但其實不是。」

「這也就是品牌的定位和品牌精神的展現。」

3. 品牌創始人不理解何為定位

徐穎：「在市場有紅利的時候，很多品牌靠著創意人員的靈光一現想到了一句話，並靠這句話撐起了整個公司十年的繁華。之後卻發現自己根本沒有想清楚自己的定位和商業模型的關係，也沒有去關注消費者所起的變化，最終很容易走向沒落。」

4. 品牌的創始人缺少初心，很難可持續發展

徐穎：「東方的品牌普遍存在英雄主義的問題。往往品牌在創始人那裡發展得很好，一旦創始人老了，就很難有第二梯隊可以接上，很少看到一個品牌在第二梯隊接上的時候還能繼續發揚光大的。在一代向二代發展的時候，或者因為沒有初心和體系的延續逐漸沒落，或者因為內部的紛爭被內耗掉了；相反，從西方的品牌來看，很多都是在老闆還健在的時候就安全地過渡到下一代的。」

「在某種程度上說，這也是一種價值觀和文化的社會性問題。與我們過去的教育一樣，很多父母一開始強力灌輸給他的孩子怎樣一種思想，努力想控制孩子，形成了一個不好的循環；但西方的教育則是大部分家庭在孩子十八歲時就學會了放手，試著讓他們的孩子學會按照自己的方式獨立成長。企業、品牌和孩子的教育一樣，東方的企業家還沒有很好地學會放手。」

5. 品牌形象的定位和管理是一個完整的體系

劉寅斌[3]：「品牌主要有兩個形象，第一個形象是你把品牌定義為什麼；第二個形象則是消費者把品牌定義為什麼。這兩者常常很難達成共識。」

「我做春秋航空股份有限公司品牌管理顧問這些年給我一個很深刻的體會是，很多時候，不是說企業想透過公共媒體塑造給消費者什麼形象，更重要的是我們要建立的品牌在消費者心中是怎樣的形象，這是企業需要關注的一件事。春秋航空股份有限公司

[3] 劉寅斌，上海大學副教授，春秋航空股份有限公司行銷顧問。

給自己定義為低成本航空，其概念就是在營運的過程中，把非安全類的環節和非消費者體驗的環節盡可能以降低成本的方式去完成安全、簡單的飛行，以及可靠的監控和營運維護。但消費者的理解卻是，『春秋航空』是廉價航空。『廉價航空』的概念使得很多人會覺得不舒適，甚至有可能映射為『不安全』和『服務不好』的代名詞。所以『春秋航空』很難打動那些飛行頻次較高的企業高管、網路大公司的商旅人士，甚至在國企的採購中都沒什麼優勢。但實際上『春秋航空』在安全方面一直都是航空公司中排名靠前的。」

「所以說，品牌的塑造，其實是從定位開始，再到產品策略、市場策略，再到消費者心中的形象塑造以及品牌宣傳和 PR 的整體結合，它是一個完整的體系。」

「可惜的是，真正能夠非常好地去踐行、堅持和聰明地隨時適應市場變化的品牌少之又少。」

6. 品牌塑造各有困局

陳少輝[4]：「當下的品牌塑造還處於建立的階段，還是一個努力摸索和學習的過程。這個過程存在著很多的問題和缺少秩序的情況。」

「許多品牌總是尋求業務的獨攬，沒有做到合理的細分和體系化的運作，常常導致品牌發展的無序。企業品牌塑造沒有長遠的堅持和章法，消費者對品牌的認同和信任比較短效，消費市場的消費依然以產品的消費為主力而不是品牌，尤其在網路的衝擊

[4] 陳少輝，加州大學河濱分校商學院（安德森管理學院）副院長。

下，原本沒有品牌沉澱的市場更快速地被淘汰，使得很多品牌在被動中容易束手無策。」

「相反，美國社會文化對於品牌的理解更加完善和理性，建立了非常好的市場體系以及企業和品牌的分工、分廠明細。你跟一個美國人說，如果十年後可口可樂和迪士尼這兩個品牌沒了，他們會是什麼狀態？他們會流淚，因為在他們的心中，對於這些品牌的信任是根深蒂固的，在全世界的任何一個地方品嘗可口可樂，他都會覺得這是最安全的；而迪士尼是他們最重要的娛樂，如果消失了，他們會很難過」。

「不過，新興市場有新興市場的困局，美國這種相對成熟的市場也有它另外的困局。」

「一方面，美國人覺得自己建立了一整套非常完整的品牌和市場體系，很自信，自信到最後太過於依賴這個體系而不變通，不能與時俱進。」

「『柯達』創造和發明了一個時代，最後卻在自己的那個時代停住了腳步，沒有繼續走下去，就是一個很鮮明的例子。」

「另一方面，品牌的傳承也是一個困局。不同的是，東方品牌是因為沒有體系，最後難以傳承二代，美國則是因為有了體系，但二代和職業經理人的狀態很難帶領一個品牌在新的——尤其是社群化的無序環境中去發展並創新。」

「人們都希望努力去建立秩序，但秩序井然了，常常就變成死板和不創新，無序的蓬勃發展的新環境反而變成了自己的缺點。

網路、社群的環境變化太快了，很多人都無法跟上腳步。」

7. 市場發展和變化太快了

劉寅斌：「很現實的一個問題，就是社會發展和市場變化太快了。導致現在的很多品牌還沒怎麼發展好，在還不成熟的情況下又碰到一堆新的問題。傳統品牌和企業喜歡流程化的東西，是一個過程導向，而現在的市場環境要求結果導向，但過分的結果導向肯定是有問題的，因為品牌還是要看長期的終極結果而不是短期結果。

第一，環境變化太快，經營壓力太大，導致很多品牌越來越不敢在品牌塑造上花力氣，不敢投入。

第二，競爭的殘酷導致很多曾經的品牌概念和品牌理論已經無法適應今天的競爭過程，就連品牌擁有者都開始懷疑自己。」

楊坤田[5]：「經濟的發展、科技的進步、消費的需求要不斷地疊代變化，一代人要求有一代人的品牌、商品和服務的不同。那麼，一個品牌就需要保持鮮活的競爭力，要保持其商品的保鮮性，其服務要有不斷創新性。」

「現在已是各種新科技、新技術的應用，比如現在的行動網路時代、全價值鏈數位化、新零售。現在很多的東西都跟過去不太一樣。我認為這個企業領航人，包括他的團隊和他組織的主要力量，都要不斷使用自我更新能力以及自我學習能力，這樣才能保持其對市場需求變化的感知，才能不斷地在產品、品牌和全價值

[5] 楊坤田，「馬克華菲」創始人兼執行長，稻盛和夫經營學會「盛和熟」理事長。

鏈之間的各個地方持續地創新，跟上時代的步伐。」

「比如，消費者群大多集中在『八年級生』，那我們就需要深度地理解『八年級生』的需求。消費者都在使用行動網路，現在除了 FB、IG，還有很多人在使用抖音等短影片，那麼我們就必須快速地在這方面跟上節奏，要及時地觸動消費者。這個觸動不是單純廣告的觸動，而是一個從產品設計、生產、服務和行銷甚至內容的全方位即時觸動。」

劉寅斌：「這個變化，使得品牌的塑造和企業的經營變得毫無經驗可循，似乎都在『摸著石頭過河』。」

蜻蜓 FM 的營運長肖軼有一個很形象的比喻。他說：「傳統企業是做什麼的？傳統企業就像鋪路，這個路要鋪多少水泥，要花多少錢，要修多遠，要請幾個工人，要花多久時間，測算一下就能知道。那剩下的一件事就是要培養更多的人知道這件事情，把路從一公里修到兩公里，就是透過培養更多的人，把規模做大，把成本降低，把效率提高。」

但今天的環境不是這樣。今天的網路公司或者今天的新行業是什麼？是在兩個摩天大樓之間走鋼絲。一個大師拿個平衡桿走過去之後，你問大師：「您怎麼走過來的？」大師說：「左邊歪了就向右邊倒，右邊歪了就向左邊倒，沒有那麼多原理，只需要記住一件事，那就是隨時隨地適應變化。」

8. 賽道發生了變化，很多人還沒反應過來

社會發展的過程是基於人發展的過程，當所有以人為中心的

變數都在變化的時候，就會留下商業的空白，而這些空白常常會被一些新興的品牌給抓住，把本不是競爭對手的對手趕下去，或者顛覆一個行業。所以我們看到了大量的現象：「蘋果」顛覆了手機行業、「電商」顛覆了傳統購物中心、數位技術顛覆了「柯達」、「LINE」顛覆了通訊等現象。對於闖入者來說是一種顛覆，對於原有的品牌來說則是一種賽道的變遷。其實在很多時候，因為消費者習慣、市場規則和技術等原因，使得品牌和商業的賽道快速轉變，而這個過程中很多人並沒有及時做出反應，導致部分品牌方走向一個不太好的結局。

因此，在商業市場中我們應該做的是「做著眼前的事，看著將來的路」，要了解未來還會不會出現新的賽道，在那個賽道裡面，有沒有儲備好的核心價值。我們可以不是第一個踏上那條賽道的人，但一旦開賽，還是得有萬全的準備。

遺憾的是，大部分品牌還停留在原來的賽道上原地踏步、拚命廝殺，同時也不斷地受到來自各個維度的變化影響。

社群媒體之喪

1. 社群媒體的流量壟斷使得行銷成本升高、效率降低

徐穎：「對於消費者來說，社群媒體帶來了很好的利益和價值，讓資訊被輕鬆獲取，讓溝通更加方便，推動了社會的發展。」

「可對於品牌來説，事實並沒有那麼美好。尤其是在品牌行銷上，我發現社群的出現反倒讓行銷的效率降低了，而成本卻有所升高。一九九五年，我在『寶鹼』工作的時候，那時大部分的品牌行銷使用的都是差不多的方式：第一就是做廣告，把品牌定位用合適的廣告方式呈現出來，然後就是上電視，基本上只要你有足夠的預算，就能覆蓋百分之七十五以上的目標消費者；第二就是拓展通路，拓展到正確的通路裡，這個行銷工作基本上就結束了。剩下該做的就是一些體驗的工作。」

「這種老式的行銷方式放在今天已經不起作用了，社群媒體讓所有的人結構化，是特別厲害的結構化。這就好比你看這個人的限時動態或那個人的限時動態，因為你的結構的不同和階層的不同，你就像是穿梭在不同的世界一樣。而且結構之間互相很難對話，今天這個人正在關注某某明星的相關新聞，另外一個圈子可能連這個明星是誰都不知道，所以我們再也不可能用同一個廣告去説什麼總收視率（或總收聽率）是多少了。而且結構相對封閉化，也無法呈現太多東西。」

「該去哪裡找屬於自己的目標群體呢？這顯然不是一件容易的事。捷運那麼擠，大樓有那麼多媒體，現在所有的人都在低頭看手機，所以效率變低，我之所以覺得成本變高，是因為我們想讓這些人完整地收到我們想要傳遞的資訊。所以我覺得在社群媒體時代最早出來的時候，社群媒體因為有 FB、有藍勾勾，看上去成本變低了、效率變高了，但到今天我卻覺得是成本變高、效率變低。」

趙廣豐[6]：「我覺得（成本）是更高了。如果有人告訴我說，不要再花錢去買什麼戶外廣告，那個太貴了，應該多用社群媒體這種口碑式傳播跟行銷，很便宜。我個人覺得是他不懂，其實我覺得那部分的投資會更大。」

「那種用一兩個影片或用一個事件就使自己成名的事情，放在品牌中會很難。我們很少看到有哪個品牌，透過一個小影片或一種方式就能打響知名度的，更別提想要透過這種形式長遠發展。這意味著什麼？該有的投資一個都不能少，然後還得再加大投資力度，在社群媒體弄這種叫做『錦上添花』的東西，整個過程中的行銷成本是增加的。」

楊坤田：「原本傳統媒體投放廣告有集中和高空優勢，但存在著不精準的問題。現在品牌方都將廣告轉移到了行動端，媒體呈分散和結構化，FB、IG、YouTube 等平台多種多樣，如果有累積的、走在前面的品牌方就具有優勢，走在後面的品牌方就會越做越難。」

「很多品牌借用社群媒體行銷，最後走向了兩級發展：一方面需要有大流量和大成本的比拚；另一方面則需要時時刻刻依託於能夠影響消費者的內容。如果有相應的基因當然很好，但如果沒有這個基因，便是活生生地把一個沒有內容創造基因的品牌逼著患上了內容症候群。為了避免這種情況出現，就需要一些好的供應商來配合，但在社群媒體中，其實很多供應商都沒有轉型過來，很多傳統的廣告公司也被大量地淘汰了。所以，這個淘汰也是全方位的、考驗品牌的全要素的能力。」

[6] 趙廣豐，王品集團市場中心總經理。

2. 內容難度越來越大，效率越來越低

何興華[7]:「行銷內容現在也不是那麼容易創作的了。在傳統媒體時代早期，花心思在內容上，一個電視廣告、一張平面圖都能夠在集中的投放中造成理想的效果，到了後期，消費者看膩了，難度變高，效率就下降，但由於媒體的集中和強勢，傳播效果還是有的。同樣，在社群媒體時代的早期，網路上一些故事型的影片或一個有創意的互動都能夠帶來快速的指數級的傳播，不過到了後期，消費者看的東西越來越多，眼光也越來越高，社群媒體主動接收的可選擇特性使得我們的品牌如果還只能呈現出平庸的內容，就很難被外界關注。所以，此時就要求品牌挖空心思不斷在內容上創新和投入，難度不小。甚至還不能是單一的內容，常常是多維度、多管道的內容。」

「基於此，我們過去也與各個供應商努力地創造內容，後來我們發現需要轉變思路，最近剛剛啟動了 IMP 計畫，就是為了解決這一問題。這是因為：第一，家裝的目標族群只占總體族群的百分之五，消費群體不大；第二，每一個家居品牌商與使用者形成一次購買之後，到第二次購買的週期非常長，所以品牌商尋找使用者以及發揮使用者的消費價值，這個成本非常高，效率很低；第三，如果說品牌方找到使用者，想快速地形成品牌認知以及行為轉化，很依賴行銷的內容，但眾多的品牌商沒有能力去製造這種內容，尤其沒有大量的創意型的內容去幫助它們進行高效轉化。」

「所以核心來講，第一，它很難找使用者；第二，它很難在

[7] 何興華，紅星美凱龍家居集團股份有限公司副總裁。

一個很短的家裝週期內，與使用者持續進行精準的、多場景的接觸，從而建立品牌認知；第三，接觸它以後發現沒有好的內容去溝通，如何創造內容又是一個難點；第四，接觸上了也轉化了，轉化完了以後沒用了。所以即使它前面整個過程都做得很好，它獲客轉化的總成本還是非常高的。」

「另外，由於目前整個家居行業的企業都偏中小，所以它沒有能力去投入技術進行全面的數位化工具的開發，它也沒有能力去掌握所有的資料。所以它本身很難建立所謂的資料行銷、資料挖掘這些能力。因此，你就會發現想解決前面所有的問題，總得有一個人、有一方角色來幫助企業建立這種基礎。」

「那麼我們的 IMP 計畫就是做這件事情。平台商有能力投入所有的技術，有所有的資料和使用者。我們搭建一種生態，讓所有製作內容方進來，將所有的內容放進來。這樣可以幫助品牌商解決以下問題：第一，它可以找到人。第二，找到這個人之後，它可以連續性且全場景地精準觸達消費者。比如說找到這個人，我們會幫他識別，或者借助我們的能力，識別這個人是不是我們的目標族群。第三，它需要內容，要搭建平台以便我們去做這個內容。這樣，我們原來只需要五到十個內容的供應商，這個平台起來之後，我們發現，能夠帶動更多的供應商參與進來。」

「當然，內容是為了更好地去行銷，也為了更好的獲客。一個好的計畫和想法，在網路時代的今天，要衡量其結果，都離不開最終的深度關聯銷售、資料分析和資料挖掘，需要有全套的數位工具；否則也不能稱其為好的行銷。」

3. 品牌傳播與銷售獲客的矛盾

吳超[8]：「電商和社群興起之後，在品牌傳播到銷售轉化上確定更直接了。因為消費者都在網路中，消費者從傳播的廣告和內容的關注到購買過程，因透過電商而變得更短了。不過我認為，這個轉化和銷售也不完全是由一次傳播就達成的，否則還要品牌做什麼。就算是今天的電商，你也會發現，經過一輪盲目的消費之後，最後消費者透過電商買的還是那些有品牌的商品。電商只是一種行銷的管道，並不能代表所有。快速消費品一類的產品，其轉化透過電商的機率就會低一些。而品牌和產品所涵蓋的要廣泛很多，儘管電商很便利，但生活還是在現實世界中，還是需要有多維度的場景。傳播也好，促銷也罷，我都希望它可以馬上有銷售的轉變，但是一個品牌在消費者的心目中是一個長期的東西，我做這個品牌的活動，除了在這些直接銷售轉化的電商或者新零售的通路以外，我還會透過其他的媒體和它溝通，所以那部分溝通對銷量的轉換，我覺得不會馬上見效，它是一個長期的過程。」

陳剛：「這是個老話題了。做銷售的人覺得品牌老打不到點上，沒用；做品牌的人覺得銷售就知道弄這些簡單又『短、平、快』的事情，沒意思。實際上，如果你真的站到整個業務高度去看的話，只要你是一個最終需要銷售出去的業務，品牌傳播和銷售就是你的手心手背，不可或缺。」

「如果你讓我一定做個選擇的話，品牌排在前頭。為什麼？因為你做好產品，品質就是品牌。你去鋪更多的銷售點，你也一樣

[8] 吳超，從業快速消費品十五年，某食品公司事業部總經理。

是品牌建設。你為你的消費者創造價值，你甚至要為你的通路、經銷商留好利潤，這也是品牌建設。你當電商也是為了順從你的消費者的消費習慣，讓他更便利，這也是品牌建設。所以如果我們一定要有一個大的和一個小的概念，我們把外延打開的話，品牌包含銷售。如果我們做個狹義定義，我覺得它們是手心手背，正如一塊硬幣的兩面，是分不開的。」

楊坤田：「傳統的品牌傳播環境確實在銷售和傳播上很難區分，一直是一個對立又統一的矛盾。不過，隨著新的技術、社群化和新通路等的出現，資料越來越清晰，我們看到還是有一些可能性去解決傳播與銷售之間的矛盾。比如，我們從電商剛開始出現就著手實驗電商，社群媒體出現以來，我們在品牌傳播上及時地利用社群的方法，最後努力做到了消費者的即時觸達，並且每一次觸達和消費都建立完整的流量與粉絲資料庫，漸漸地，你會發現兩者的關係越來越清晰。隨著未來資料越來越多，這一問題應該還是有好的衡量模式的。比較重要的反而是考驗品牌和其代理商在一些技術與方法上快速投入的敏銳度、堅持的累積和資料的應用能力，除了外部的流量，還要長期地去創造自我的流量。這對大家而言是一個新時代的考驗。」

4. 資料是真是假？

陳剛：「為了流量，很多品牌的從業者、代理商或者媒體，常常會想方設法、急功近利地『想辦法』。他們發現，有時候正向的方法達不到短期內的流量目的，為了引起注意，便開始以一些比較粗糙的、粗暴的口號式的甚至惡俗的行為進行投機取巧，還將其稱為網路創意。比如某網路聊天工具所用的廣告詞是『想我就戳我』，一個專做鴨產品的品牌用到了『叫個鴨子』之類的廣告語，這些都是為了流量拋棄品牌價值觀的行為。我認為這些商業模式、這些品牌、這些組織都會接受價值觀的拷問，都是長久不了的。」

「我覺得人類的社會是有價值觀的。不論是對少年兒童也好，對青年也好，對社會的棟梁也好，還是對老年人也好，我們都應該從正義的方向去引導，而不應該是用那些所謂的隱喻、所謂『猶抱琵琶半遮面』的方式去發掘、放大甚至偷窺這些人性之中的那些不是真善美的東西，用擦邊球以及媚俗的東西來博取眼球，我覺得這本身是一件低水準的事。發自內心地講，是一件不道德的事。」

「因此，流量是必須要有的，但真正有流量的產品和品牌是弘揚正道，去發掘人的本性中的真善美的部分，而不是其他。」

班麗嬋[9]：「靠正向的方式贏不了流量，那麼很多人就會開始鋌而走『假』了。以前傳統媒體時代沒數據，說多少就是多少，但那時候注意力集中，商品稀缺，市場需求旺盛，競爭也較少，行銷要求簡單，效果在繁榮的需求中很容易展現出來。現在競爭大了、商品的選擇太多，而媒體和資訊變得無比的分散化與碎片化，流量的效果反倒更加艱難了。這也是社群媒體的難處：給你可能，又給你更高的難度。」

「流量有時做到了，甚至我們還會發現，流量數據與轉化形成巨大的反差。現在的問題是甲方的壓力來自他們老闆的壓力、來

[9] 班麗嬋，CMO 訓練營創始人兼執行長，《廣告主》雜誌原主編。

自商業變現的壓力。『攜程』的公關總監跟我們抱怨說，如果他花了幾萬塊錢投放一個旅遊行業的最大的媒體，它的轉化率才兩單。像這種東西，他要如何向老闆匯報？他肯定會縮減這方面的預算，沒有效果呀。所以這個東西就是被倒逼的。」

「大家沒有一個說我一定要做成一個特別專業的、特別對得起自己的創意，其實就是說老闆要什麼，行銷長就去做什麼；行銷長要什麼，乙方就去做什麼。雖然大家都知道品牌的行銷是一個長期的過程，但被市場倒逼了，現在經營那麼困難，老闆肯定是要銷量、要市場部的價值的，市場部的價值不能光有一大堆虛的數字，你得讓我看看轉化率。那轉化率在哪裡？你不能說我一個活動來了上百萬人、有幾億的播放次數，那怎麼可能呢？這為行銷帶來了壓力。逼急了，一些不正當的方法和行為就會冒出來擾亂市場。」

5. 你要的，我們都能給

張鑫[10]：「市場有需求，自然有我們這塊生意。早期我們都是幫一些媒體公司或廣告公司去做一些流量，從中賺取一點小錢，不過現在流量部分都不做了，那個利潤不高。現在我們主要做的都是轉化和電商直接補量。不瞞你說，現在電商競爭這麼激烈，很多平台和商家都需要大量效果，我們的技術比較純熟，又有大量流量資源，所以很多企業都會找我們。一些區域的平台為了向總部匯報業績，這塊也有很多需求。某跨國電商平台，每年基本給我們幾千萬的生意，這個挺可觀的。」

[10] 張鑫（化名），某效果作弊公司創始人，IT 男，頭髮有些稀疏，因此喜歡戴鴨舌帽。

「我們還只是行業內比較小的流量和效果公司，大的比我們大很多。」

「現在各平台稽查得比較嚴格。所以在技術和資源上還是要夠穩固才行。我們能做到的是全球的機房和 IP 共享，以及快速跳轉切換，這是我們的優勢。」

「我們也知道這個工作游離於道德的邊緣，但有時候反過來想，一方面別人有需求，你去解決問題，也是一種工作職責；另一方面市場虛虛實實，股市很多都靠消息面來影響市場，那麼流量、轉化和銷量也一樣，市場都有從眾心理，你這個量不行，大家就不來，你量足夠了，自然的流量也就來了，這也是一種人性背後技巧性的東西。」

陳剛：「邏輯上來說，大數據、數位技術的一些東西為我們提供了一個能夠更直接、更精準連結消費者的可能性。它可以設計更精準的打擊，就跟導彈一樣，能夠更精準地打擊目標。但技術也有好和壞的兩面，在利益驅使下，很多人會借用技術去做些虛假的事情。但我覺得，假的真不了，肥皂泡泡早晚會破滅，破滅的時候，那些品牌從高處跌下來的速度會更快、更慘。」

代理商被革命

1. 傳統代理商江河日下

從社群媒體出現開始，基本上意味著品牌行銷從傳統電視時代步入了社群新媒體時代。資訊的多元化、透明化、碎片化和社群化幾乎在十年間無情地肢解著人們過去的習慣。身為一個以品牌行銷和廣告為主的代理商，自然在新的時代裡受到了衝擊。一時間，「公關第一，廣告第二」的邏輯也在一段時間內成為一種熱潮。當各代理商（廣告公司）還在擔憂會被公關取代的時候，他們發現社會的商業模式其實已經發生了很大的轉變，很多人感受到了變化，但沒想到變化來得如此之快。

無奈之下，二〇一八年 **WPP** 集團在經歷了長時間的股市下滑之後，決定於三月將旗下老牌 **4A** 揚雅廣告公司在中國北京和廣州的辦公室關閉，業內惋惜聲一片。同年十一月，旗下知名品牌智威湯遜（**JWT**）宣布與偉門合併，一個經營了一百五十四年的全球首家廣告公司黯然閉幕。十二月宣布截至二〇二一年，**WPP** 全球將裁員三千五百人，關閉超過八十個辦公室，合併一百家營運不善的辦公室。

當人們還在哀婉中沒回過神來的時候，全球諮詢界第一把交椅埃森哲已經把另一隻手伸向了廣告業，成立了埃森哲互動，五年內悄悄地收購了二十家廣告創意、內容製作和數位行銷公司，當傳統廣告公司江河日下的時候，它借用自己在品牌關係和資料分析等方面的優勢，搖身一變成為全球營收最高的數位行銷機構。

代理商的競爭格局，在時代的推進下硝煙瀰漫，成為一個不變的主題。

2. 不變的結局

何興華：「這些現象，我覺得本質上還是市場的整體行銷模式和營運模式在變，但代理商無法跟上這些變化。他們原來的方法、模式和經驗，現在已經不能匹配品牌方的需求了。」

「一方面，原來的品牌行銷服務工作在一個比較慢的市場節奏中，一個案子可以花很長時間去做調查研究、分析、論證，反覆打磨，這與現在快節奏的市場變化、行銷形態變化和消費者習慣的變化等各方面都不能對等。也就是說，原來在資訊不對等的情況下，代理商只要比品牌方多出一點經驗就可以慢慢提供服務和學習，現在這個緩衝的機會沒有了。」

「另一方面，隨著市場越來越成熟，競爭越來越激烈，行銷傳播的管道和方式越來越多樣，對於行銷能力的要求也越來越高。一個創意總監，原來只要會設計美的視覺，或者會寫個電視腳本就很受歡迎了。現在卻發現，你需要時刻洞察消費者的喜好，懂得平面、文字、影片、音樂甚至技術等各方面的應用來達成跟消費者的連結。難度增加太多。」

「同時，因為社群媒體的發展，資訊越來越透明，資訊的壁壘越來越少，品牌方學習的機會也越來越多，眼界也快速提升，自身的能力快速提高，這倒逼著代理商也必須快速變強，如果不行，自然就會被淘汰。」

「很多傳統的代理商很難跟上這個腳步。」

王彥[11]：「跟上腳步是一回事，其實很多代理商並不是說沒生意，而是在一開始的時候，由於在傳統那塊是一個舒適圈，一些比較新的、甚至比較累的 case，他們都不願意接，最後發現這些業態隨著行業成長起來，埋頭去研究的小團隊就變成了核心的團隊。」

「比如以前很多 4A 公司的創意總監說，他只做電視廣告，因為這件事既有成就感，又能賺錢，其他的都太小了或太繁瑣了，看不上；突然業態變了，他說自己開始轉型做數位了，卻發現自己並沒有那方面的經驗和能力，但這些是他當初看不上的。我就一直在想，這個時代需要你，你為什麼還有不做或看不上的理由呢？」

3. 路徑依賴的悲哀

班麗嬋：「這就是典型的路徑依賴問題。」

「原來他們（WPP）是 leading agency，現在為什麼變成別人了？因為社群媒體為廣告帶來了多種形式的變化，原來他們是以『大投入、大產出』的方式在營運，但是現在已經是社群化了，已經不能說你投個廣告就能讓『七年級生』、『八年級生』觀看了，這些『七年級生』、『八年級生』根本不會看這些主流的東西。可能是因為幾十年前他們賺錢太容易了，現在讓他們轉型就顯得很困難。像我原來的老東家一樣，它的電腦做得這麼好，但要轉做手機就變成了很困難的事。它要組織變革，還要去做產品的調整，談何容易。」

---

[11] 王彥，「一罐讀書」創始人，Verawom 廣告公司原聯合創始人。

「另外，他們是過去那個時代的既得利益者，為什麼要改變方法呢？社會和時代都在改變，但他們不變，他們覺得原來那樣就很好了。」

「在占有優勢和穩坐舒適圈的時候，他們為什麼要再建立一個部門叫什麼社群媒體部，然後去跟自己原來的部門競爭呢？有幾個公司能像奇異、IBM 那樣即時改變，自己革自己的命？太少了。這就是典型的路徑依賴問題。」

4. 代理商在時代面前無人可用

吳超：「以前我們都是將內容全部打包給代理商，從包裝設計、電視廣告到傳播方案，他們都能一條龍全幫我們做好。現在是數位媒體、社群媒體時代，一下子讓很多東西越來越細分了，各個方面的要求越來越高，但他們還停留在原來的狀態，突然就不適應了。」

「這一變化，使得代理商在各方面的工作壓力很大，人員的流動性也越來越強，一個東西還沒做好，團隊就變了。過去一個團隊可以花很多心思好好研究我們的品牌，一起合作很多年，現在基本沒有那個能力和心思花三五年去做這件事，那怎麼能做好？這一下子搞得我們品牌方很被動，負責人壓力更大，要全面統籌和把控，最後再一點點細分給各個代理商來做。我們也很希望有全面的代理商，但你現在還找得出這種能力很強的公司嗎？」

「廣告公司也好，品牌方也罷，都取決於『那個人』，你有沒有找到那個合適的人，這是很重要的。所以，今天代理商的問題，也是很重要的人才缺失的問題。」

人才都去哪裡了

1. 好的人才難找

何興華：「人才缺失已經是這個行業存在時間較長的問題。尤其是好的人才難找。第一，世界變化太快，要求大家有好的學習能力、組織能力和創新能力，品牌需要人才去打仗，這對人才的要求變得很高了；第二，知識在變革，在品牌或企業原有的知識格局沒有突破的情況下，就需要引進新的人才，需求量增加了，重要性也在不斷增加；第三，還需要人才對待一項工作以及對待一個品牌的行銷能夠保持持續的熱情，才能在時刻變化的市場中占有優勢。」

「這些因素的疊加，都使得品牌行銷領域的人才很難找。」

2. 人才與社會都很浮躁

吳超：「我的體會是，看你要找什麼樣的人。找一些基礎的、會做事的人還是並不難，難的是那些真正既有專業能力，又有市場洞察能力的人。這種人才之所以難找，與我們現在學校裡的培養體系也有一定的關係，現在很多大學的課程都還停留在過去的老舊課程上，使得很多學生畢業後無法與社會的整體環境很好地銜接，最後只能從頭來過。專業過時，知識結構不成體系，缺少實踐，工作後就很難發揮出不一樣的創造力。還有一個現象，就是很多人缺少對工作的熱情以及堅持到底的態度，不好管理。很多人說年輕人不能批評，很容易就辭職，這就映射了一個人才難找的問題，社會也浮躁，人才也浮躁。」

3. 不是沒人才，是不懂用人才、留人才

劉寅斌：「就如同你看到的好廚師與壞廚師的區別。廚藝好的廚師，你讓他炒一盤最簡單的蛋炒飯，他都能炒得很好吃；廚藝差的廚師，就算你給他再多珍貴的食材，他也做不出好吃的。從教授的角度來講，這叫有教無類，是個孩子都能把他教好的。所以說，很多時候人才難找和自身能力有關係，即便身邊有了很多人才，不會利用也是不行的。學會用人是一件很重要的事情。」

「人才太難找的時候，就得思考另一件事，我們是否可以把一個能力較弱的人培養成能力強的人。學校是基礎教育，它不可能培養出一個適合我們且為我們所用的人。現在的問題就是給了我們這麼一個人，我們不懂得如何培養他，更不知道該如何利用他，那麼，我們也就沒什麼可以抱怨的。與其抱怨，何不嘗試提升一下自己的管理能力和人才培養能力呢？」

陳剛：「原來說伯樂與千里馬，世上千里馬很多，而伯樂不常有。你如果把千里馬比喻為人才，那其實還是發現人才的眼光和機制問題。所以我覺得，我們需要先有培養人才、使用人才、發展人才，以及留住人才的機制、氛圍和文化，人才才會輩出。」

4. 行業的吸引力低，有沒落風險

劉寅斌：「說實在的，關鍵還是在於品牌行銷和廣告公司的吸引力問題。廣告行業已經不像以前那麼吸引人了，這也為這個行業帶來了很大的危機。一個行業若不能從基本面去吸引最優秀、最有想法的人才，那麼這個行業必存在很多問題。」

「我比較擔心的是，這個行業未來會出現一些沒落或不好的跡象。比方說，首先，有能力的業務員進了廣告主或頂尖的科技公司，差一點的業務員進了廣告公司，以後讓差一點的業務員去服務能力強的業務員。其次，有能力者進了一家公司，他的老闆和同事也都很有能力，相當於一群有能力的人集中在一處工作，而一群能力較弱的人集中在一處工作，他們的成長速度明顯不一樣，肯定是能力強的這一群人成長速度更快。因此，如果能力較弱的那群人，其服務水準始終跟不上他們的腳步，沒辦法被能力強的那部分人所認可，那麼他們就會面臨被直接淘汰的可能。」

5. 關鍵在於有顆擁抱未來的心

徐穎：「我很不喜歡一種說法。大家總是喜歡把學校分成所謂的一流、二流、三流。我覺得不管是一流、二流還是三流，一個人到了社會上，在一個行業中，他就站在了一個新的起點，沒有一流、二流、三流之分。就像『寶鹼』公司一樣，需要從六百到七百個人當中選出一個總經理，這就意味著他們會被不斷地淘汰。因為在社會上的這種領導能力、合作能力，它的要求跟在學校裡面讀書的能力是不一樣的。」

「所以，我反倒對這個行業的未來充滿信心，尤其對年輕人，你去看那些正在讀高中的「九年級生」，他們內心裡的那種坦誠和自信，那種對喜歡東西的熱愛和堅持，都在他們小小的年齡中展現出來，真的很不一樣，比我們這一代好多了。」

「世界變化這麼快，核心的不是誰學了什麼，更重要的是你做了什麼。不管技能高低，只要有信心、有熱情，有較強的學習能力，能夠接地氣，能夠靜下心來做事，能夠不斷擁抱科技、擁抱未來。他，就是好的人才。」

相信科技相信未來

1. 科技讓行銷更科學

陳剛：「在今天這個科技作為第一生產力的時代，定性的一個說法是未來社會的發展和科技的進步會為商業市場帶來一場革命，或者說為品牌的建立、品牌的傳播、品牌的影響力整個過程帶來一個全新的機會。因為科技讓我們的生活更便利，比如說它可以使我們在更短時間內到達更遠的地方；它可以使我們發現更多新的事物；它可以降低整個社會的運行成本更低、提升效率；它可以讓我們在更短的時間內以及投入更少資源的情況下，獲得比以前更大的收穫。比如說有電視之後，它肯定比報紙的覆蓋率更廣，又比如今天有了網路，電視又相形見絀。這些都是技術與社會的發展帶給我們從方式、方法到結果上的升級、換代甚至革命。」

「人類社會的發展也好，人工智慧也好，或者說一些生物的技術也好，它可以讓我們的購買更便利、產品之間的連接更好、產品的創新及疊代得更快，它也可以讓我們對產品的生產過程更加了解，能夠更好地記錄以及被更好地儲存、大量地被運算。」

「所以它為我們商業市場的進步提供了源源不斷的動力，永遠有更新的東西，你不能說今天已經觸碰天花板，你永遠不知道明天會有什麼新的行銷事件。或者是一種新的技術，或者是新的產品，或者是新的體驗，又或者是新整合的傳播出現。」

「我覺得這種不確定性對品牌的塑造來講，會變成源源不斷的生機和動力，也會不斷地帶來驚喜。我認為基於技術的發展應用、商業社會不斷進步，也會對品牌的打造提供更多的技術手段、應用更多的場景、創造更多的方式。」

楊坤田：「所謂的那些新能源、新材料、大數據、雲端計算、區塊鏈、人工智慧，我覺得都有非常大的價值和機會。時代在發展，不是說你要當第一個吃螃蟹的人，但當一個新的時代到來的時候，你要能跟得上步伐，不落伍。若能做到這一點，對於品牌來說，就容易形成新的競爭力；否則就會被淘汰。」

「比如服裝業，我們以前配貨的方式、終端的分發方式、調配方式都是靠人力來做的。我們現在開始投入一個人工智慧『調配銷』系統，不要人為調配產品，也不要人為發貨，全部依賴於機器，這又是一個新的競爭力。」

「二〇一五年我們做阿爾法 id，每一件衣服都有一個芯片，這是基礎工程。如果你不做這個東西，你沒辦法做新零售。每件衣服都有芯片提升了你的物流效率和終端的營運效率。你的衣服在店鋪裡面被消費者穿在試衣鏡面前，搭配方案就會出來，這樣就促進了銷售。我們稱這個為智慧門市，這在行銷上形成了一種實效競爭力。」

何興華：「無疑，科技的未來影響不可估量。如果拿家居行業來講，影響就會更大。」

「家居行業的屬性是什麼？」

「第一，高離散。高離散的一個行業，品牌也很分散，產品也很分散，類別也很分散，然後角色也很分散，各式各樣的角色，從設計師、監理加上公司導購、使用者，然後通路也很分散，媒體接觸都很分散。」

「第二，所有的要素之間又高關聯。設計、工廠、商品、商品與商品之間、商品與設計之間等都是高關聯。然後這會超級複雜，越複雜的東西，這對於大數據、AI 就越有發揮的空間，因為人腦已經解決不了這個問題，人都找不到這個規律。」

「其一，痛點就是你想識別這個人是不是一個家居品牌的使用者，你需要一種強大的資料連結能力，把這個使用者各個方面的碎片化資訊全部連結起來，最後你能識別出來的，不只是這個人的社會屬性、媒體習慣屬性等，你還能知道這個人對價格、風格、功能、設計以及對品牌類別、產品活動的屬性，才會幫助品牌商進行一次行銷的轉化，這些都是需要資料的。其二，當這個人離開門市後，你能不能將他找出來？幾天以後他又回到門市，你能不能知道他回來了？然後他在線上互動，已經在查看你的商品，你知不知道他已經產生了明確的意向等等，這些需要你有一個連續性地對一個使用者全場景的連結能力，它背後的支撐資料依然是數位。」

「然後，像我們說的內容一樣，不同的內容要和使用者在不同階段匹配不同商品的需求，然後這個品牌商、內容製作方、使用者及內容的不同發表管道，這些都需要相互連結，全是資料。對於平台來講，一個使用者全部的加工週期內，我們得連接所有環節，他買地板到底跟下一個類別裡面什麼樣的品牌、什麼樣的產品最有可能關聯，他最有可能買哪個產品，全部要靠資料推導。這個有很大的用處。因此，我覺得這些跟資料相關的技術在行銷領域裡發揮的空間非常大。」

「家居的另一個痛點是，消費者買了很多東西，組合在一起造成什麼效果，人類歷史上其實沒有解決這個問題，但是終會解決。他想要買什麼東西，他可以提前在虛擬的顯示裡看到這些東西組合在一起，從視覺上是不是搭配，這個問題會被解決。3D 技術結合 AI 技術，再結合 VR 技術、全像攝影技術，這是確定可以達成的，而且確定可以解決消費者的剛性需求。」

「另外一個大的變化就是，行銷從一個很粗獷的狀態進化到只針對一個使用者到一個不同維度的、全週期的影響。」

2. 一半是科學，一半是藝術

趙廣豐：「我認同科技會影響行銷，但我無法完全認同相關的觀點。最近看到 AI 人工智慧，我們其實一直在探討一個問題，如果機器人都能透過大數據快速學習跟判讀的話，什麼工作會消失，什麼工作不會消失？很自然地發現，醫生居然會消失，為什麼？我們去看病就會發現，醫生基本上可以不看我的臉，然後從頭到尾就是問制式化的問題，從他制式化的經驗跟資料庫中找出對應的病症然後給藥，如果這樣的話，基本上誰都能當醫生，尤其是 AI。但是做行銷的人呢？如果他們的人也是透過大數據分析我們的客群，喜歡什麼樣的廣告內容，然後投放在哪裡，那他們就跟醫生一模一樣。」

「但其實我們做行銷的都知道，你以前的成功經驗無法複製在下一次的案例中，因為每次都不一樣。所以我覺得做行銷的人越來越有趣。他以後搞不好跟畫家一樣，不會被 AI 給取代，原因是什麼？如果透過大數據就能做行銷決策跟競爭策略的話，所有公司的執行長都應該聘市調公司的總監，因為他們比任何人都懂得資料跟資料分析。但試問哪一次的行銷決策可以這麼用資料來判斷？最後會是什麼？來自他對市場的洞察跟他個人的敏感度，有時候正是因為他直覺式的這種判斷跟堅持才造就某個成功的案例。」

「那意味著什麼？『市場行銷』就是我們講的，它有一半是科學，有一半是藝術，甚至有很多是人性的洞察。那這種東西很可能就不是 AI 能做的。所以，我覺得如果從這個角度來看，未來誰能夠在資料判讀跟結合消費者洞察的嘗試判斷下做出決策，誰的價值就會更高。我倒覺得好的市場行銷者本來就應該這樣；而這樣的市場行銷者，我認為未來是稀缺的。」

「如果是我兒子，我會讓他去學市場行銷。因為你學 IT 有可能被 AI 取代，你學醫學也有可能被 AI 取代。但是你要學一個能懂得洞察消費者跟市場趨勢的這個東西，這種人才是稀缺的。現在不被重視，等到未來被重視的那一天，你就出頭了。」

「今天所說的科技的發展，我覺得它並不能真正地解決人性的洞察問題，不能解決人性化的溝通問題，也不能解決行銷中有溫度的服務問題。科學只是輔助，藝術才具有價值。」

3. 需要解決的問題

第一，缺乏格局和不接地氣的問題。

徐穎：「固然，科技解決不了行銷中的所有問題，但科技和技術的發展，也帶來了很多可能性，只是在這個過程中還有很多問題需要解決。我認為需要去順應這個趨勢，才能有未來。要說當下社群媒體時代的行銷需要解決的問題，我覺得有兩點：一是不接地氣。很多公司把自己的風格定義為很文藝的，跟一般人不一樣的，小眾。但事實上，消費者已經非常的結構化了，你光靠自己的文藝，觸達不了那些你看不到的人群，他們也不關心你。二是沒有大格局思維。很多品牌安於自己的一畝三分地，比如數位領域流行起來，大家關注大數據，很多業內人士還停留在數位廣告的思維，無法跳脫出事物的本質來看待發展和趨勢。」

第二，資料壟斷的問題。

白碩[12]：「我之前撰文預測過，社群媒體時代透過網路達成了資料和資訊的平民化，儘管在資訊上自由了、效率高了、想法更開闊了，但會使平台的流量和資料過快集中，這必然會產生壟斷，而壟斷和資源的擠占自然會帶來一系列其他問題。比如成本攀升、效率傾斜、難度增加等。」

第三，成本高的問題。

楊坤田：「社群化反而使得越來越高了。你需要做的事情一樣都沒少，還需要再增加社群化帶來的成本。基本上頭部品牌的優

[12] 白碩，證券交易所原總工程師，中科院博士生導師，區塊鏈研究專家。

勢越來越明顯，而尾部品牌越做越艱難。沒有很好地融合社群的精隨。值得思考。」

第四，資料真實性和安全性的問題。

楊坤田：「成本大幅提高了，其中製作費、創意費，甚至資料採買、大數據分析等方面價格都不菲。更關鍵的是，我們看到一些行業的現象，很多人投入了不少成本，仍有可能受到一些虛假廣告的侵害。甚至，我們現在的很多關注、互動、消費都有可能是虛擬的機器人在做，並不是真實的。再者就是對於消費者來說，資料的安全性問題，我有同事轉行去做資料創業，他說你需要的資料都能夠肉搜出來，『肉搜資料』這樣的詞在某種程度上也說明了消費者和品牌都暴露在沒有隱私的資料環境中。」

第五，行銷精準的問題。

陳剛：「我還是很看好社群媒體所帶來的價值，也確實帶來了很多的改變。數位技術的發展，邏輯上是能帶來更大的資料應用空間和更精準的行銷方式，可惜的是，到目前為止，因為數位技術帶來的利益問題，資料的精準度還無法達到更理想化的狀態。」

第六，工作機制的問題。

王彥：「品牌行銷和代理商的工作都還一直靠人為進行，他們的工作強度很大，社群的碎片化和資訊瀑布使得市場對於內容的消耗量超乎常規的大，消耗速度太快了，這就使得廣告人疲於奔命，有時候真的很心疼這個圈內的團隊和廣告公司的人，他們的精力和體力幾乎一直在透支，很不容易。」

第七，內容快速消費的問題。

何興華：「內容的消費速度太快了。原來可以花大量時間和精力做一件事，現在你必須快速且同時產出多維度的內容，顯然單獨依靠自己或一兩個供應商是解決不了問題的，如果用大量供應商，又管理和溝通不過來。未來有什麼方式能滿足這樣的需求？」

第八，人才激勵的問題。

班麗嬋：「總體來說，這個行業還是需要人才的。一方面是需要人們有更好的方法；另一方面，也是很重要的一點，那就是能夠長久地激發起從業者的熱情。目前來看，這個行業還在按照原來老的激勵機制去做最前瞻和有挑戰性的事情，這種方式的問題很大。工作難度大、工作細分，致使工作的成就感在降低，有KPI（關鍵績效指標）考核，卻沒有很好的行銷效果激勵。熱情固然重要，這個行業的好處是能夠讓一批人開闊眼界、挑戰自我，甚至透過一種潛移默化的方式改變世界，靠著熱情不斷往前走，但熱情還需要有可持續的激勵機制來讓它持久下去。」

第九，資源共享的問題。

陳剛：「行銷的技術發展固然是好事，能夠更好地提升效率，但終究還是要回歸到透過資料去挖掘消費者的需求，更人性化的去創造更好的產品、可持續化的發展、更高的社會責任。不過我們發現，社群化形成的利益格局，如品牌的上下游、廣告公司和媒體等各方，最後並沒有很好地去達成這些共享，反而在有些時候更加分裂了。」

第十，創新的問題。

陳剛：「我並不認為通路和媒介這些資源能成為核心的競爭力，你說原來的某些電視台很強勢，隨著社會的發展和網路的發展，電視台的通路就顯得不是那麼核心了。核心還是在於創造力和創新力，那些靠著一時的優勢掌控通路並拒絕共享和創新的都應該被改變。資源利用的創新、規則的創新、制度的創新，甚至是人才的激勵創新，都是需要改變的。」

王彥：「創新是一種精神和本能的反應，更重要的還是要帶著一種開放式的心態去擁抱和嘗試任何新的可能，不斷去尋找那個核心的競爭力。回想起來，Verawom 廣告公司在創業初期時，就不斷地去了解、研究和應用各種社群媒體，最後迅速成為這個領域的先行者，自然就有了獨特的競爭力。比如，區塊鏈剛剛熱起來的時候，我們第一時間在思考，是否可以嘗試一下？我們總是希望在一個對的時間去快速擁抱一個新的東西，當這個新的東西能夠提升效率和顛覆我們場景的時候，這個行銷就會很有價值。這種精神非常的重要。」

第十一，權力、權利和權益的問題。

白碩：「社群媒體帶來的是資訊化和數位化全面應用的過程，之所以還存在一系列的問題，其核心主要在於，因為資訊的快速集中造成平台的資源傾斜，就容易出現權力真空，平台變成了權力機構，而本應該屬於消費者的資訊所有權、資料所有權等一系列權利變得弱勢。你的這些資訊和資料變成別人的，那大家的權益自然得不到保障，這三者的關係若是朝著一個理想化方向發展，就會很美好；若朝著一個不良方向發展，就會有諸多問題，困難重重。」

這些問題的出現，在某種程度上是數位虛擬世界和現實物理世界互相不合作的表現。

因此，在人類和社會向著未來的更合理的趨勢邁進的時候，我們會發現，也許，區塊鏈在解決這一系列的問題上有著美好的想像空間。尤其是，如果大數據、雲端計算、物聯網、區塊鏈和人工智慧可以達到一體化，那對於未來的商業市場、品牌行銷、社會和世界整體都會有很大的意義。

Chapter 12

區塊鏈對於品牌及商業市場的未來意義

品牌行銷的新老問題用過去的方法無法解決，區塊鏈卻讓人們看到了一個新的方向和一些新的可能。對於品牌和商業市場來說，區塊鏈具有什麼樣的意義呢？

品牌及商業市場存在的大量問題，在過去的傳統媒體時代很難透過精確的資料進行判斷，大量的品牌行銷行為和效果都建立在零星的經驗與模糊的判斷中。進入網路及新媒體時代，行銷的行為和效果開始有了新的轉機，我們透過代碼和平台第一次清楚地掌握行銷推廣的內容，所獲得的如消費者瀏覽量、點擊量以及分享和評論等資料，完成了一次品牌行銷的大升級。以網路為載體的資訊管道的改變，商業市場的規則也同樣隨著資訊流的變化，帶動著人流向網路聚集，改變了消費者的注意力流向，使得大量資金流隨著人流而動，這進一步推動了電子商務的出現和蓬勃發展，也使得商流在市場經濟發展以來進一步加快了速度、拓展了空間，也節省了大量的時間，商流的發展又直接地帶動物流前所未有的疊代更新，讓貿易走向完全的國際化。

在資訊流上，很直接的感受是，在過去資訊相對不發達的狀態下，社會資訊量與社會的階層成倒三角形的模式傳播，社會階層從菁英、中產到大眾的正三角形劃分，資訊的獲取量則呈倒三角形分布，菁英階層獲得社會最大的資訊量，逐級過濾，到大眾階層只能接受相對少量的資訊。在資訊網路時代，今天的資訊量已經超過十年前的兩百倍，原本自上而下的單向資訊傳播，如今已經變為網狀結構的傳播方式。尤其是行動網路的發展，使得民眾資訊的獲取越來越趨向平等，一個在鄉下生活的人，其透過網路或行動網路了解到的資訊並不會比身處大都市的人少。於是我們發現一個有意思的現象，當原本資源有限的時候，區分階層的好壞往往比的是誰能獲得更多的資訊，獲得更多資訊的人就意味著可以獲得更多的資源；而後來，當資訊趨於平等的時候，資訊流匯聚成人流，區分階層的手段逐漸又轉變為占據人流的多寡，而占有人流越多，意味著階層的優化。資訊流的改變，直接帶來的是市場注意力的遷移，引導著人流朝著市場的利益高地走動。當人流彙集，產生了各式各樣的商業機會，資金流便會大量湧入，在資金的推動下，商流開始快速發展，原本的品牌商品透過傳統的管道緩慢地逐級流通，分為代理商、分級經銷商、銷售終端等不同層級，最後到達消費者手中這樣的模式，一下轉變為透過電商的平台，消費者就可以直接從品牌方獲得所需商品。品牌方憑藉發達的物流系統，將商品以快速的方式交付給消費者，消費者獲得商品的同時又迅速地轉向資訊流的再次流通和傳播。這個新的品牌商品流通模式，改變了原有的體系，讓全球的共享和分工合作進入一個新的時代。

不過，在這樣的時代，效率雖然提升了，卻產生了新的問題。新的壟斷隨之而來，很多資源開始向幾大龍頭集中，壟斷之後，品牌的行銷及營運的成本也開始增加，並沒有比原本傳統的模式節省多少成本。另外，在這樣高度依賴網路、資料的時代，我們發現，並沒有從本質上解決原本傳統商業模式碰到的一系列問題。資源壟斷、資料不可追溯、資料造假、商務信任缺失和價值不被展現等現象，並沒有因為資訊技術的發展而改變。

其核心的問題在於，各個品牌、平台和體系間利益的互相爭奪，導致彼此之間的資料和系統互相隔絕，因而無法達成真正意義上的共享。所以我們經常能看到，政府擁有最大的資料庫，卻不能隨意使用；銀行有大量資料卻不敢用。有時候，我們只要產生購買商品或房產等行為，很快就會接到來自各類別的電話騷擾，於是近些年國家頒布法律規定個人資訊屬於個人隱私，不能夠隨意買賣和泄漏。

我們可以看到，在當今資訊如此發達的網路社會，或多或少存在著這樣的遺憾：資料或者因為利益無法達成共享，或者因為不當共享而產生一系列隱私和安全問題。

品牌的行銷因為這些問題常常無法繼續推進，基本停留在傳統的模式，只是比傳統多了可以統計行銷傳播本身的資料，僅僅是前進了一小步，但行銷的整體性問題並沒有得到有效改變。品牌旗下的產品在生產前依然透過自我的臆斷，或者頂多透過一個非常小的樣本來分析判斷資料，以此達成消費者市場的洞察，進而生產對應的產品，而後開始鋪通路，從線上到線下行銷推廣品牌和產品，最後以銷售為目的當作品牌的沉澱終點。在網路資訊和電子商務時代，儘管品牌的塑造和行銷模式沒有什麼變化，商業模式上卻因為資訊管道和零售方式的變化而有較大的改變。物質供不應求的年代，品牌觀念淡薄，基本停留在產品的生產和供應上，隨著供過於求，競爭帶來了品牌的需求和發展。而在電商時代，由於資訊管道改變，資訊流通速度的改變和電子商務的產品通路的發展加快了商品的流通，使得品牌被速度和時間抽離，各種商業模式的優勢逐漸蓋過了品牌的優勢。以「亞馬遜」為代表的電子商務模式，帶動了大量品牌成為其商業模式中的一部分，模式成功則品牌成功，模式失敗則品牌只能另謀出路。在一種商業模式的帶動下，也推動著其他模式的興起。此時，品牌在能夠達成快速銷售的利益驅動下，消費者在快速消費品的誘惑下，品牌的核心目標大部分朝著快速銷售的大方向前進，品牌本身成為商業模式下的附庸和錦上添花。在這樣的情況下，想要升級品牌行銷、解決原本存在的那一系列問題就顯得更加困難。

另一種品牌的發展路線，就是以「蘋果」、「Google」為代表的致力於構建生態的發展方式。「蘋果」的手機設計精湛，並擁有非常穩定的「蘋果」iOS 操作系統，所以才能夠在不到十年的時間裡從一個中等品牌一躍成為全球第一品牌，成為智慧型手機的代表，市值超過兆美元，使用者遍布全球，穩穩占據中高級市場，成為全球新時代智慧生活和極簡審美的推動者，也是行動網路的重要推動力量之一。事實上，「蘋果」的成功除了硬體本身的實力外，更重要的是其軟體方面的成功。當所有品牌都在純粹拼硬體的時候，「蘋果」選擇做 App Store（iTunes Store[13] 的一部分）開放式應用生態，激發全球的開發者參與其中、貢獻力量，並從中獲得相應的報酬。正是這一生態的建立，使得「蘋果」能夠源源不斷地為使用者提供多樣的服務，深得使用者信賴。就算到了今天，全球硬體本身水準越來越接近同化，「華碩」、「三星」、「OPPO」等一系列品牌迅速崛起，而「蘋果」自己在硬體端的突

[13] iTunes Store 是一個由蘋果公司營運的音樂、電視、電影商店平台，需要使用 iTunes 軟體連接。

破越來越吃力的時候，依然坐擁全球第一的寶座，這就是生態應用帶來的力量和饋贈。

「蘋果」的生態，讓人們看到了生態的好處和力量，既可以穩固地產生銷量，同時也是運轉和累積自己品牌的最佳塑造方式，成為一種可以自我掌控，但又能帶來源源不斷價值的生產方式。於是驅使著大量的品牌躍躍欲試，都希望建立自己的獨特的生態圈，去達到未來持久的品牌沉澱和業績成長。但這並不容易，「蘋果」和「Google」只是建立了產品內生態，更多品牌並不具備「蘋果」的產品特點和內生性，要做生態只能選擇做行業生態，但是行業生態的難度相比「蘋果」的產品內生態高很多，短期內幾乎不太可能達成，彼此的品牌不同、利益訴求不同、產品不同，只是有著相同的消費者和較大的行業範圍，要去達成全面的認同是一件很困難的事情。儘管有一些品牌願意去嘗試，依然沒有看到成功的範例。

於是，資料的共享、品牌的共識、利益的分配和生態的獎勵機制等就成為最大的問題點。在現行的網路和行動網路的資訊體制內，因為利益、技術和安全等問題，參與者在競爭中很難達成共識。

我們都知道，順著科技的發展，未來的社會將是一個以 AI（人工智慧）為導向的社會，在目前網路資訊技術基礎上已經看到了 AI 發展的雛形，但是在過去的體系裡，AI 的真正實踐和廣泛應用還存在著大量的基礎難點，核心是資料的共享。區塊鏈安全、共享的特性，剛好貼合了 AI 的技術需求。因此，在很多科學家和 AI 專家的研究裡形成了一個認知，只有區塊鏈才能達到全球大數據的安全共享、只有大數據共享才能真正地形成全球的物聯網，而只有萬物相互連結才能讓 AI 彼此學習，這樣區塊鏈就構成了未來社會的基石。

區塊鏈的分散式、安全性技術特點，以及由其建構的通證獎勵機制，在一個公開透明、集體共識的體制內，實踐了機器的信任。在這樣一個技術特點和信任的基礎上，未來的品牌和商業市場將會發生很大的變革。

技術革新及資料共享

區塊鏈這種建立在密碼學和代碼基礎上的分散式技術，塑造了公開透明和可追溯的場景，也以不可逆的規則呈現了不可篡改的特性。基於這項技術，現行的資訊體系和很多商業模式將可以解決過去無法解決的問題，將會拋棄中心化的伺服器以及為伺服器所付出的大量重複成本，也可以讓平台和平台間彼此開放。在加密技術的保護下，安全而有效地開放成為可能，在開放的基礎上便可以達成資料的共享。基於共享的基礎，資料將可以被追溯。

這一技術的改變，某種程度上帶來的是技術和商業邏輯的更新與疊代。資訊技術發展多年，在中心化的伺服器基礎上，不斷演變走過網頁、電子郵件、搜尋引擎、社群媒體、電商等進程都無法解決完全開放共享的問題，區塊鏈技術將會在這方面重新改造，讓資訊本身對等式傳輸，加快流通和安全，產生的行為又開放可追溯。這個開放的基礎，即建立在安全上，更重要的是建立在資料權利的確認上。區塊鏈技術將讓資料的權利歸屬由原本的模糊不清（或者歸屬權力機構，或者歸屬平台方），一下子回歸到使用者本身。因為資料的確權、資訊的流通行為、個人的基礎資訊以及個人的喜好和消費行為資訊，都將被很好地保護和充分地使用。

由此帶來的品牌和商業市場的邏輯，將從原本的只能面向社會大眾群體的行為，轉向相關行業和領域的中型群體行為，再走向興趣愛好導向的結構文化群體，一躍回歸到消費者個人，更凸顯每個人的價值和利益。這也將是對臺灣品牌、機構和政府的更大考驗，當每個人的權利得以彰顯，作為中心化的機構和組織還無法控制的時候，就必須最大限度地去順應個體的需求，並為之改變。

在區塊鏈技術的基礎上，未來社會將會是一個龐大的、有序的數據網路。從個人出發，每一個人都是一個資料庫，從基本資訊開始，到求學、到職業、到健康，再到資產和社群，將會被區塊鏈保護，由自己掌控，並在自我掌控下，達成全球的自由連結。

在這個基礎上，中心化的品牌和政府的權力將逐步下降，最後走向一個更偏向服務的載體。品牌的行銷也將從商業模式轉向真正的生態建設和發展上，整個國家和人類社會在某種程度上也會是一個龐大的全域生態。

此時，品牌的產品生產、供應、流通、傳播和消費都會建立一條完整的鏈條，環環相扣，彼此關聯，資料互通。

當下以「Uber」為代表的共享經濟模式，是資訊網路發展到一定高峰的產物，一定程度上實踐了社會資源的共享，但依然是一個中心化的聚合共享，並不是真正意義上的共享經濟。未來，當區塊鏈得以應用，真正的出行共享應該是：在一個公開共有的出行區塊鏈生態上，車輛方發出共享的指令，而消費者發出出行的需求，系統根據最佳的方案匹配，消費者根據滿意程度自由選擇，雙方直接對接。這樣既完整地共享了資源、降低了成本，又保證了效率。

品牌通證

除了技術本身的魅力，區塊鏈很重要的不同之處在於架構於技術邏輯之上，又被設計了一套基於加密技術和代碼組合的數位貨幣體系。在比特幣的體系中，比特幣是作為對記帳和維護社區穩定的礦工的一種獎勵機制，社區賦予這些獎勵的數位貨幣自由流通的功能，透過錢包可以儲存相應的獎勵及交易所得。這個具有存證、權益和流通功能的加密數位憑證，就是當下市場上非常熱門的 Token[14]。

Token 原意為令牌或權杖，在區塊鏈出現之前，歷史上最早可以追溯到古代帝王命令將軍行軍時的虎符，即將一個完整的物品隨機地分成兩半，接到帝王命令時信使需拿出其中一半與將軍「合符」，才能執行命令。

[14] Token 是一種電腦術語，它在電腦身分認證中是權杖（臨時）的意思，在詞法分析中是標記的意思。一般作為邀請、登錄系統使用。

在網路中，在乙太網路成為區域網路的普遍協議之前，IBM曾經推過一個區域網路協議，叫做 Token-Ring network，翻譯為權杖網。因為網路的效率和資源有限，因此網路中的每一個節點輪流傳遞一個權杖，只有拿到權杖的節點才能通訊。這個令牌，其實就是一種權利，或者說權益證明。彼時的令牌往往只是行為體系中的一種證明，還沒有價值的屬性。

比特幣搭載區塊鏈出現之後，比特幣本身作為一種加密的貨幣或者數位黃金，使得這個 Token 第一次表現了價值的屬性。

後來，以太坊及智慧合約的出現，賦予了 Token 更廣泛的含義。現在我們所提到的 Token，其實大多是基於以太坊 ERC-20 標準的一種智慧合約產物。基於以太坊 ERC-20 這個標準，任何人都可以在以太坊上發行自定義的 Token，這個 Token 可以代表任何權益和價值。尤其是以太坊發起了各個以太幣（ETH）的融資項目，包含對大眾募資，以此進行項目的首次幣發行。這一下就開啟了一個區塊鏈項目創業的熱潮，也打破了原有企業和品牌只能透過傳統風投進行募資的固有格局。儘管隨之而來的是一大批投機和非法募資的亂象，不過其意義還是相當大的。

這種全民發通證和持有通證的模式，使得品牌第一次有機會可以去把消費市場的各個環節打通，從品牌、產品、通路、供應商、媒體和消費者之間，由原來中心化的階梯管理模式轉向了價值共生模式。由於品牌通證具有消費憑證、流通貨幣甚至證券屬性，讓品牌自建生態的力量第一次如此強大，可以輕鬆地激發消費者和各個參與方廣泛地參與其中，形成利益共同體。

嚴格意義上説，眾多品牌當下使用的優惠券、消費憑證、獎券等都是消費權益憑證，但品牌通證的出現和發展伴隨著越來越成熟的區塊鏈技術，品牌的各類憑證和權益被插上了價值流通的翅膀，這將極大地促進商品的流通，也將促使商品之外的品牌價值得以衡量和流通。例如，「可口可樂」的品牌價值達到八百億美元（約新臺幣兩兆四千億元），在過去，這個品牌價值往往只是一個虛擬的估值，只有企業倒閉後或者將要被收購，才會模糊地採取一個品牌價值估算的模式。但是在品牌通證應用之後，股民可以透過品牌的收益來購買品牌股票獲得收益，同時也可以進行品牌價值的投資，這個收益更像是基金或保險，買的是對於這個品牌的信任，讓信任轉換成長期穩定的價值。這便有了雙重的投資價值。

價值連結

通證的產生在加密技術的保護下，從一定程度上説實踐了價值的可資料傳輸，改變了過去很多年來資訊的資料傳輸格局，也是新的一輪價值獲取方式和流通方式的改變。

歷史上，每一次價值獲取和流通方式的改變，都曾引起社會的重大變革和生產力的變化，彼此互相推動。

撥開歷史的迷霧，我們可以看到，人類歷史的發展就是一部不斷因為利益而衝突、征伐、擴張、發展、迷失和前進的過程，不斷地推演和重複著，只是時間在推移。而這個推移的過程，總是伴隨價值獲取、流通方式的改變以及生產力的變革。

原始社會末期向奴隸制的轉變，源於人類對私有財產的認知。部落首領一方面慢慢地將部落的財產和獵物部分私有化，形成了等級的分配機制；另一方面，隨著農耕的發展，他們發現使用農耕的勞動方式可以將被打敗的其他部落的人圈在一個地方進行農耕，以獲得更高的生產產出。這在過去純狩獵的勞動方式下是不可想像的。設想一下，抓來其他部落的成員，逼著他們拿著刀、叉到樹林裡狩獵，一不小心就會讓其逃走或者反過來被其殺害。所以，早期的部落之間搶奪地盤或資源，戰敗方基本都會被砍下頭顱殺死。而到了農耕出現後，部落首領就可以有更多的價值創造方式，慢慢地，財產越來越多，各種原因淪為其奴隸的也越來越多。社會便從原始部落制轉向了奴隸主支配社會的奴隸制。進入奴隸制社會後，隨著農耕越加發達，奴隸主發現，以武力或命令逼迫奴隸勞動的生產方式效率始終比較低，而那些分化出去的奴隸主貴族，逐漸地變為平民，他們沒有人逼迫，生產的效率卻非常高。於是新的一輪制度就此興起，經過鬥爭，也經過思考，人們發現自主的農耕能夠讓奴隸主和百姓都獲得更多的食物，於是奴隸主搖身一變成為封建領主。在漫長的封建社會裡，人們開始發現，透過社會分工可以更輕鬆地得到自己的生活物資，只要自己生產好自己的優勢物資即可。為了獲得所需的生活物資，他們需要拿著自己的物資去與他人交換，物物交換的時代就此開啟。為了方便，甚至會約定以某一個地方作為交換的主要場所，市場也隨之誕生。隨著交易的需求增加、交易的頻率增強，為了便利性，後來便衍生出了貝殼、石頭、金子、銀、銅等一系列貨幣形式，也推動了封建社會的更迭和發展。

在各種價值體系的更替中，產生了早期的合約、協議和合約等契約形式，這進一步規範了市場貿易的規則。中世紀時，隨著貿易的進一步加速，在原有羅馬興起的商業行會基礎上，又在歐洲興起了義大利的商人企業和北歐政府特許的法人組織與行會，奠定了公司制的基礎。在航運貿易中，一部分人有錢，但出於安全、身分等考量不願意出海；另一部分人則很希望出海去探索新世界，很想去賺錢，卻總是沒有錢，缺少出行和生活的經濟基礎。於是，有人設計出一種合作模式，讓這兩種人匹配起來，有錢的提供資金，分取收益，沒錢的出海航行，用自己的身家性命去拚搏，最後利益共享。由於出海航程長、時間久，為了方便，他們還設置了不少海外辦事處，管理起來自然就比較麻煩。出於公平，也出於監控和對帳的需要，便發展出複式簿記法，成為現代公司會計記帳、會計報表的起源，銀行也在這個時期得到快速的發展。這些價值的流轉方式，為後來大航海時代的開啟奠定了扎實的資金基礎、人力基礎和制度基礎。

大航海時代開始後，很多公司準備組建一支船隊向東印度群島和印度尼西亞出發，但難度非常高，不亞於今天私人準備降火星或月球航行，所需時間漫長，重要的是所需耗費的資金不可想像，而且還有遭遇海上風暴及海盜的風險，可能還要隨時準備與其他國家的商隊作戰。為了能夠籌集更多的航海貿易和發現新大陸的資金，商人發起了一種新型集資模式，即大家有錢的出錢，有力的出力，共同持有這個公司的資產；同時他們爭取了當時皇家的特許證，讓國家為此做信用背書，並且為了保護投資者，規定所有投資者的責任根據自己出資的有限責任擔負，這便是現代的有限責任公司的起源。有限責任公司制的興起，一時間使得英國的東印度公司的資金和人力資源豐富，出海貿易、開疆拓土，國民經濟受益於此，蓬勃發展。

彼時，素有「海上馬車夫」之稱的荷蘭，看到英國東印度公司的快速發展，深感壓力，於是在研究了英國東印度公司的經營方式之後，荷蘭人成立了荷蘭東印度公司，並且在英國東印度公司以股權募集資金的方式的基礎上，向全民發行股票方式來募集資金，使荷蘭東印度公司成為第一家上市公司，募集資金的總額也瞬間超過英國東印度公司。股票的發行一下就席捲了整個歐洲，繼荷蘭之後，英國、丹麥、法國、瑞典、俄羅斯等國紛紛加入股票發行金融募資的行列中，股票交易所和銀行快速發展，資本的雪球越滾越大。此時的價值連結從原來的單純靠物資交換的貿易轉向了純貨幣本身的金融交易模式，得到了一大飛躍。

航海技術的提升、公司制的確定、複式簿記法的發明和股票等金融手段的興起，使得歐洲的經濟在大航海時代蓬勃發展，瞬間橫掃世界，成為世界經濟的中心。

伴隨著公司制下金融的蓬勃發展，投資逐漸超越了單純的貿易，投機也一樣如影隨形。在投資和投機的雙刃劍上發展出了一批投機公司，如曾經的密西西比公司，雖經營少量的業務，卻因為股票的發行獲得了大量的資金，最終在潮水退去時，人們才發現他在「裸泳」，泡沫破裂，許多人損失慘重。此類事件比比皆是，使得歐洲經濟陷入了泡沫時代，許多老百姓血本無歸。

自此，一七七二年英國國會特地頒布了《泡沫法案》，規定沒有經過國會批准同意，不得擅自發行股票，甚至保守到在此後的一百年裡，英國政府只授權兩家公司發行股票。整個歐洲對股票的金融手段一直都戰戰兢兢。

直到一七七六年瓦特改良了蒸汽機，讓人類社會進入了蒸汽機動力時代，也由此開啟了工業革命的進程，讓人類第一次擺脫單純依靠人力和自然力的時代，大大提高了生產力。也因為生產力的提升，人們發現，需要建工廠、修鐵路、造蒸汽船，市場對資金再一次有了大量的需求，人們才又一次想起，曾經的公司制和股票等融資模式可以派上用場。此時，一些小型的合夥制企業借助蒸汽機的力量開始活躍，激發了創造的熱情，紛紛參與各類企業的建設和財務的創造，也造福了人類社會，前所未用地釋放經濟能量逐漸形成了市場經濟的觀念。因為生產力的大幅度提升，生產和製造的大量需求，金融市場再一次被激發；同時，金融市場也因為這個強大的實體經濟基礎而變得更加穩固。

此後近一百年，以蒸汽機為代表的第一次工業革命讓歐洲經濟遙遙領先。為了獲得更多的生產資料，占有更多的資源，歐洲國家加快了全球的殖民步伐。從非洲到亞洲，再到拉丁美洲，被以英國為代表的西方殖民主義國家擴張了大片的殖民版圖，深刻地影響了後來的世界。這個過程代表了封建階級的逐漸沒落，帶來了資產階級成型並占主導地位，隨之自由經營、自由競爭和自由貿易的思想成為西方的訴求。這一訴求，最後轉變為對瓜分亞洲、非洲、中南美洲的利益分配不均，間接導致了後來的第一次世界大戰。

一八三一年法拉第發明了世界上第一台發電機，經過探索，德國人西門子於一八六六年生產了第一台工業商用發電機。工業革命由此進一步的飛躍，走向了電氣工業時代，這也為後來的全球電力從工業向民用不斷普及和推進奠定了強有力的基礎。此後一百年，以歐美為代表的企業誕生了一系列如西門子、洛克斐勒、卡內基、福特等公司。

不過，隨著機械化的範圍越來越廣，同樣伴隨大量的矛盾產生，生產力的提升使得資本家與工人形成對立的階層，不斷有工人受傷、死亡，不斷地被資本家壓榨工作的時間、生存的空間。最後引起了一波波的遊行、示威、罷工、暴動甚至戰爭等悲慘事件。

在資產階級透過機械化大量累積資本的同時，工人的生活水準卻沒有上升，甚至處於下降趨勢，貧富差距加大，消費能力降低。社會的上層及政府並沒有看到或者選擇漠視這一現象，而是將重點放在更大的生產或更高的利益粉飾與製造，最終導致了一九二九年從美國華爾街出發的全世界經濟大危機和大蕭條。經濟危機讓日本和歐洲備受影響，經濟受到重創，銀行倒閉、生產下降、工廠破產、工人失業，社會矛盾急遽上升，各個資本主義國家都陷入了內部的困境，一系列原因釀成了第二次世界大戰。

戰爭之後，人們各種反思，也開始思考新的社會格局。既然在工業革命提高生產力、獲得更高價值的條件下，世界依然會有如此多的矛盾，那麼，是否有方式可以解決這些矛盾呢？

為了解決這些矛盾，提升生產力，進一步提高人類的價值獲取水準，一九四六年美國賓州大學實驗室發明了世界上第一台電腦，之後的幾十年裡，大量的電腦制式被生產和更新，推動人類進入電腦時代，也開啟了辦公自動化的進程。進入一九七〇年代，在電腦的大量應用下，全球市場彼此連結成為一項重要的需求，網際網路的誕生以及傳輸控制協定（TCP）／網際網路協定（IP）的應用，進一步使得全球進入資訊時代。在電腦、辦公自動化和資訊技術疊加的基礎上，全球又再一次發起了新一輪經濟發展，帶來了資訊共享、貿易全球化、市場全球化。但是，隨著人才、技術和資金朝向網路轉移，全球都在朝著脱實向虛的方向發展，這為網路帶來了虛擬經濟的繁榮，反過來也導致了實體經濟的萎縮。同時，人類社會物質的發展已經達到一個高峰，未來的價值獲取模式或者繼續想辦法在物質世界努力生產和突破，或者繼續朝著虛擬經濟深度發展，成為一種矛盾的抉擇。隨之而來的是，全球經濟面臨不斷的動盪，泡沫破裂現象此起彼伏，為人類社會的未來覆蓋了一層迷霧。歷史總是在向前發展的進程中一輪輪地重新演繹，只是換了一些方式和人物，有時候卻驚人的相似。

站在今天這個面臨各種經濟、利益和價值模式問題的時刻，世界究竟應該製造新的一輪衝突用於轉移矛盾的視線，還是呼籲新一輪的技術革命，以推動更高的生產力和價值來提升水準，是一個值得深思的問題。

對於大部分老百姓來説，都希望是後者。時代需要有一種新的技術來改變這種格局，也許讓實體經濟有新一輪技術革命，或者讓虛擬經濟與現實生產力完美的結合，才能保證人類社會價值的獲取模式能進一步被提升和鞏固。

區塊鏈的出現，其技術邏輯雖然還未被大量驗證，但已經顯現出其獨特的本質。

安全、穩定和共享的區塊鏈技術，結合股權、使用權和貨幣等多權合一的通證，商品市場的品牌、公司甚至個人將更快地提供流通效率，更好地連結各品牌價值，也有利於打破原本國家、公司和品牌單邊獲取價值的模式。

今天企業和品牌的生產方式，是建立在流通和資訊不對稱的基礎上，產生的品牌方發起從原材料生產商到零部件生產商，再到產品加工商、到品牌，最後走向流通環節的一個生產過程，彼此透過一個成本疊加利潤的價值紐帶聯繫在一起，最終控制市場的或者具有獨特優勢的一方，將獲得最大的利潤增值。不過，彼此之間處於比較分裂的狀態，從前端原材料和零部件提供方開始，成本與利潤一層層往後疊加，最後成本都指向銷售終端的消費者，而品牌處於或者獲得巨大利潤空間的最大獲利者，也有可能面臨滯銷導致的巨大虧損的兩個極端。這種商業模式使得企業、品牌和社會的成本非常高，也是一種資源的浪費。

區塊鏈技術的應用，可以讓整個品牌和商品市場的運轉更好地在透明、公平的基礎上追溯各個環節的情況，能夠更好地了解市場的需求和指導消費。加上通證經濟的興起，將有機會把一個品牌或商品的各參與方透過價值的共同體捆綁在一起，達成價值的連結。

今天的資訊技術，在一定程度上達成了全面的資訊共享，解決了社會存在的資訊不對稱問題，也解決了資訊的獲取不方便問題。資訊傳輸和獲取方式的改變提升了溝通的效率，卻無法很好地完成溝通之後達成交易的交易效率的質的飛躍。區塊鏈的價值體系透過通證的方式做到了這點，以數位貨幣的方式加快了流通速度，以權益的方式鼓勵消費者更深更廣地參與，以權證的模式提高了交易過程中更高級別的信任，即機器的信任。

機器信任

信任是人類社會一切合作和交易的基礎，是在生存、價值和利益獲取的過程中，圍繞特定的群體、血緣、種族、地域和文化，形成一種相對穩定且安全的認同關係，並且這種關係隨生產力的變化和生存條件的變化而變化。

在人類過去很長一段時間裡，信任的建立由食物決定，誰能給予食物，誰就具有信任的基礎。也因此，人類為了獲取食物而形成了家庭，這是最基本的建立在血緣關係上的信任。隨著家族成員的增加，向外擴展信任範圍的時候形成了部落或家族，在族群內為了彼此的分工合作，透過長者去維護和協調本族群的信任關係。再往外延伸，為了交換食物和生產資料，便需要往外拓展新的不同族群的信任關係。由於生產力依舊沒有大幅提高，對於自然界的認知程度比較低，彼此的信任基礎互不相同，族群與族群之間的合作需要找到新的一種信任載體，此時的人不一樣，群體也不一樣，但他們在面對自然界時所產生的恐懼感和無助感卻是一樣的，於是便有了信仰的出現，成為人類社會跨血緣之外的第一種共有的認知信任模式。在不同的信仰下，人們繼續拓展更廣闊的信任關係，在拓展新的信任關係中，必然因為利益關係和信任關係而產生糾紛與衝突，在衝突的過程中促進了彼此的融合，產生新的信任關係，便形成了社會和國家。當人們被放大到更大的社會中，形成了新的文化關係，為了促成陌生的和更廣範圍的物質與利益的交換，便有了契約的信任。交易和合作的雙方可以互不相識，但只要建立在對所需標的物的認同上，便可以在契約的基礎上彼此信任、合作。為了維護契約的公平並確保它正常履行，需要由國家和法律作為這一信任關係的二重信任保證。這個由國家、法律保護的契約精神，從出現的開始便隨著交易的頻繁和範圍的廣闊而不斷地修正與發展，很好地提升了本土市場和全球交易合作的效率，直至今天，已經成為全球大市場的共同信任方式。不過，當全球成為市場的統一體，交易和合作透過物流、資金流與資訊流等多方位全面展開時，交易和合作的方式需求越來越多，這與現實的跨群體、跨類別、跨文化和跨國之間的交易與合作複雜度不斷增加的特點形成了新的矛盾，效率反而被拉低了。過去通用的契約和法律，以及由此形成的一系列標準和流程，在個體面前都成為交易和合作的獨立單位，在全球化交易和合作的廣度上，開始變得不適應起來。在新的時代和環境中，面對更加複雜的交易和合作，在資訊連結的推動下，時代需要有一種新的信任機制來解決當下面臨的問題，並滿足未來社會需求的新的信任模式。

全球的新的交易和合作的需求，以及由個體主導的這些交易和合作需求，在某種程度上是一種個體權利的回歸。區塊鏈的出現，以其分散式的儲存和絕對安全的加密技術達成彼此的安全共享，並在公開透明的技術特性下，在所有人達成共識的價值體系中，由社區共同維護一個共有的生態，彼此形成一個利益共同體，所有人在代碼的標準中自主貢獻自己的力量，並與社區和生態獲得共同的利益，毋須信任其他不可信的第三方，這便形成了一個全新的信任體系。

這一信任體系，在各國社會逐漸朝著人工智慧的方向發展時，展現得越來越清晰。在不遠的將來，以人工智慧為主要生產力的社會裡，大部分的主要交易和合作可以建立在對於代碼與系統的標準信任上時，才能真正地發展人工智慧。

在商業市場上，商品本身無法與消費者達成契約關係，而是一種使用和消費的關係，真假和品質優劣可以形成契約在法律的框架中完成認同，但商品的便捷、審美、體驗、創新和文化情感等增值緯度卻很難以契約的模式予以保證與信任。於是，消費市場上便需要一種以品牌形象作為載體的信任機制，來推動商品在產品之外的增值價值的提升。多年來，品牌的價值累積成為各個企業追求的重要指標。有了更高的品牌價值，就代表著更高的品質、更好的服務、更好的體驗和更佳的創新能力，也是消費者對該企業和商品有更高信任的一種表現。

隨著資訊網路的發展、資訊的爆炸以及消費群體的變更，原本處於比較緩慢的生活節奏中的那部分人將慢慢老去，取而代之的是一群從小接受著網路資訊而成長起來的年輕人。他們與父輩不同，不相信權威，更相信自己的經驗和可見的口碑，更喜歡嘗試新鮮事物；他們的資訊管道寬廣而透明，隨時可以比較，隨時可以透過電商來購買，也隨時可以表達對品牌的喜好和厭惡，商品市場的流動速度被迅速加快。這些都致使品牌市場逐漸從原來的耐用消費品品牌需求模式轉向快速消費品的品牌需求模式。品牌的挑戰不再單純透過時間的沉澱來顯示品牌價值的高低，而是轉向創新、快速和體驗，以此形成新的品牌信任。

新的品牌信任的產生，使得品牌朝著以人為本的方向快速躍升，在這樣一種信任模式下，任由你技術再好、品牌再大，如果不能滿足消費者人性化的需求，滿足特定消費者的消費水準和體驗，都不能獲得他們的信任。

智慧型手機在「蘋果」之前有大量的品牌在推行，不過都因為技術不成熟或太過複雜而被市場詬病，儘管人們知道那是好東西，但反應依然平平。「蘋果」卻在很短的時間內，透過智慧娛樂終端的概念，建立起極簡美學、人性化的體驗，以及獨特的應用生態，構建起消費市場對智慧型手機的信任壁壘。

如果把比特幣視為一種品牌現象，這個品牌的創造由中本聰提出相關理念，並規劃好遠大的使命，再由社區的志願者共同打造而生，經過一段時間的完善，最終在市場上引來瘋狂的追捧，成為全世界關注的技術品牌。同時，因為其強大的安全性和公開性，變成全世界廣受關注的機器信任的發起品牌。

當未來人工智慧社會在區塊鏈技術廣泛應用後，品牌的需求、生產、銷售、物流和服務都建立在清晰的大數據的基礎上時，品牌方透過機器可以輕鬆地了解市場的各種情況，例如從需求量多少到需求的群體狀況，再到生產原料的尋找、下單到生產管理，最後是從銷售提供的物流追蹤到售後服務以及產品的使用誘因等。消費方可以提出需求，也可以根據市場的需求狀態判斷是否值得購買，同時在參與品牌的關注、消費和推薦過程中，持續地扮演品牌方的部分角色。這些都建立在一個完整的資料鏈上，呈現完全不一樣的品牌信任體系，這些將極大地改變價值的生產和獲取方式。

歷史上，價值和利益都是推動社會變革與前進的最根本力量。當老的價值體系和利益格局無法滿足時代的需求時，必然會催生新的價值和利益獲取模式。區塊鏈的技術和價值體系將會以一種新的方式去推動社會的生產關係發展，即從過去以人為主導的生產方式轉向以機器主導的生產方式，並且讓機器與機器之間成為一種僱用與被僱用的直接價值交換和生產關係。

生產關係

過去，在任何一個社會中，生產力和生產關係都是辯證的統一體。在一定程度上講，生產力的改變必將促動生產關係的改變，這一改變包含了人類社會在生產、分配、交換和消費等各環節中所形成的相互關係。生產力經常決定生產關係的走向，就如同在農耕所用的金屬生產工具的帶動下的生產力提升改變了狩獵的生產方式，並促使原始社會向奴隸制和封建制轉變；後來的蒸汽機帶來了資本主義，產生了私有制，改變了封建制；電氣化提升了生產力，讓生產資料從工業轉向生活，電腦和網路的發展則進一步延伸了更廣闊的生產關係等等。人類在追逐美好物質生活的進程中，不斷地透過各種生產工具來提升生產力，也由此不斷地改變人類的生產關係，解決人與人之間的社會關係。

可以預見的是，在未來以人工智慧為主要生產力的時候，社會的生產關係將會從人與人之間的關係轉向人與人之間、人與機器之間甚至機器與機器之間的綜合關係。圍繞這些多維度的關係，生產資料會配合生產力的需求從原材料變為資料，資料的所有制則決定未來社會生產力的基礎。隨著社會對人工智慧的生產力到來的呼聲越來越高，順著發展的趨勢越來越清晰，人們深切地感到今天傳統的生產關係似乎已經不能滿足未來的生產力發展要求。一方面，要去歸屬資料這一未來生產資料的權利；另一方面，要去推動人工智慧利用資料的技術革新。這兩個難題將成為時代的阻礙。

生產力在正常情況下會決定生產關係的走向和組成，不過在一個新的生產力還未形成的時候，我們發現生產關係雖先於生產力而誕生，卻能夠影響和推動生產力的發展。正如商品世界中，需求影響供給，而供給能力和方式最後也會改變需求的格局一樣。在人工智慧成為核心生產力到來之前，社會的矛盾和需求已經開始指引人類社會朝人工智慧的方向發展。人們似乎已經明白，為了未來資料這一生產資料的使用，需要盡快提升人工智慧的生產力，以滿足未來社會多元關係的需求。讓人們感受到在某種程度上，生產關係指引著生產力的變革。

區塊鏈的出現，作為資料的一種儲存模式，以其獨特的去中心和加密的特點，無形中解決了資料的權利歸屬問題，讓資料由集體所有走向個人私有化，並且在一個共有的安全、公平、公開的信任體系中達成了集體的共識。另外，先於生產力的誕生，區塊鏈建立起一套以工作量證明的數位貨幣體系，將資料資產化，為人工智慧社會架構了基於資料和數位的價值體系。由此構建起的社會生產關係將在未來以資料、價值和所屬關係形成一個不一樣的生產力生態。

在商業市場和品牌市場中，未來隨著生產力的變革和提升，生活物資透過人工智慧進行生產、分配、交換和消費，將會是一種新的格局。消費者透過人工智慧構想自己的生活所需，並有針對性地公布給品牌區塊鏈生態，品牌透過人工智慧提前知道產品的需求狀況，從中吸引更多消費者為某一項或某幾項需求量身定製，開發產品，再交由人工智慧生產產品，產品生產之後被直接送達消費者手中，並帶動消費者成為品牌生態的利益共同體一起推進。這便形成了全新的社會生產關係。

在過去的每一個時代，代表利益驅動的價值體系起著引領社會發展的方向，而代表生產力技術的發展，都起著社會變革的核心力量。但是，從區塊鏈所表現的技術和價值雙重組合範式來看，它的歷史使命已經超出技術本身，也作為一種技術基礎上的社會行為和生產關係的標準，更將成為一種影響社會走向新台階的深刻思想。

品牌市場生態

商業市場透過競爭不斷地提升效率，包括生產的效率、流通的效率、服務的效率等極大地促進了社會的進步。一九九〇年代，在私人企業大量參與產品生產和流通的各個環節後，市場的基本生活物資產品如雨後春筍般出現，很多生產商開始意識到，要想立於不敗之地，必須走差異化經營之路，在產品沒有絕對差異和創新的基礎上，只有先建立品牌，形成市場壁壘。於是一些廠商一方面繼續升級產品，另一方面將很重要的力量花在品牌的打造上，這個過程一直延續至今。進入二十一世紀，在網路的普及下，尤其是物流、電商、社群媒體的出現，推動商業市場朝著一個新的方向發展。這既將品牌的打造從線下驅趕至線上，又以更加快速的方式顛覆傳統的經營思路，興起了一系列圍繞網路的商業模式。在這一階段中，全臺上下的企業和投資人都在努力尋找商業模式，尋找那些順應趨勢、符合市場需求、能夠快速發展的商業模式，只要能快速盈利並搶占市場占有率的，就是最大的商業模式。不過，任何一種模式都有被玩透和玩膩的時候，當相應的模式競爭加劇，而市場相對固定時，市場的成長就會逐漸回歸理性和正常狀態。當人們在各種商業模式中激烈競爭的時候，「蘋果」卻以 App Store 這樣一個應用的生態達到了使用者和市值的持續豐收。一個體系內生態，便能把「蘋果」送上市值兆美元的巔峰寶座，這著實展現出了商業生態的龐大潛力。「華碩」和「亞馬遜」等企業緊隨其後，期待能夠建立起自己的商業生態帝國，各種大企業、小企業都努力在布局，想要快速地建立起屬於自己的生態。

我們發現，越來越多的企業希望透過布局建立起屬於自己企業的生態，能夠為企業的發展注入源源不斷的動力。很多企業都在不斷地努力，最後卻發現事與願違。「蘋果」的應用生態之所以能成功，關鍵在於借用其硬體及使用者的基礎，吸引了大量的開發者來開發應用，而且真正在體系內成立了與開發者共同分成、共享利益的結算體系。如果這個生態的規則拓展到更廣闊的商業市場，便會面臨更加複雜的情況和更大的挑戰。

當下，對商業市場生態建設的最大挑戰在於：

1. 資料的跨界共享

在商業市場中，在未來的很長一段時間裡，企業都會將建立生態作為一個重要的目標和方向。所謂的生態，就是一個各方共同參與、各自付出、各取所需的商業運轉生態圈，這個生態圈本著共贏的原則來行事。但生態要完整地建立離不開技術的跨平台兼容和資料的跨平台共享。現行的商業市場包含原材料、品牌、產品組裝、通路、經銷、中間服務商、媒體和終端等各個環節，大部分品牌可以透過內部系統建立系統內的資料連結，形成經營管理。但資料的輸入需要透過人為的既定時間來進行，最後才能成為有系統且有價值的資料。一方面在時間上，資料的使用效率較低；另一方面涉及跨平台時，資料常常會陷入斷層的局面。品牌在生產產品時，不知道該類別產品在市面上的整體反應，於是生產了產品並將其推出去，它們期待能有更多使用者或中間商參與其中，借用各自的資源配合推進，但卻無法分享即時營收資料給參與方。最後，一個產品在商店中售賣或者在網路中售賣，無法第一時間得知各個通路營收的情況，也不知道消費者購買後對於新的使用者產生的影響。企業無法得知自己的定價是否合理，需要從銷售的總量來測算產品的利潤情況，這樣便導致了生態的建設從資料開始得不到直接的落實和貫徹。

2. 價值的跨平台無縫兌現

品牌的商業生態在資訊的時代，在網路技術的加持下，就算能夠使所有的品牌方、平台、通路和消費者達成資料的自動收集和自動共享，也會面臨另一個重要的困擾，那就是當生態呈現體系的自發運轉時，所有的行為無法第一時間結算各自的勞動所得，最後還要透過品牌或中心化的機構進行確認和分發。在目前以紙幣為主流的價值流轉體系中，依然需要透過銀行的中心結算才能支付，效率非常低，可信度也比較低。現行的體系中，所有的價值流轉和支付兌現還是一種封閉式的系統內兌付，依然跳脫不出效率低下的舊價值體系。理想的生態是能夠有一種不受平台和管道、不受貨幣種類及結算機構限制的跨平台無縫有效流轉的價值生態。因此，在原有的現金價值體系中，依靠銀行儲存、品牌確認和消費者單獨買單的機制，無法構成真正的生態建設。

3. 生態所有權的歸屬

品牌的生態從字面上來看就像「蘋果」品牌一樣，即建立一個屬於自己的生態。但當把「蘋果」的那一套開發者的生態邏輯照搬至品牌商業市場上運行時，卻發現不能成功。原因在於，「蘋果」的生態建立在其強大的硬體優勢和使用者量的基礎上，只要開發者在生態內開發出使用者喜歡、能提升使用者活躍度、吸引更多使用者的應用，便能獲得直接的收益，也能很好地促進「蘋果」本身的硬體營收。這種模式，在一個應用開發的單點形成了封閉式體系內的小生態的運轉。儘管如此，因為利益的驅動，依然為「蘋果」創造了源源不斷的創新及發展的動力。

換掉「蘋果」，當很多其他實體的品牌想要構建自己的生態時，尤其是涉及具體的產品，而且運用傳統線下行銷模式的品牌，在產品端無法以顛覆式創新來形成絕對優勢和市場壁壘時，由於向心力不足，形成生態的可能性就極低。也就是說，或者品牌自己厲害到別人都主動配合你，或者最好主動邀請和鼓勵別人一起玩。從品牌自身出發去建立生態，往往會面臨生態的權利歸屬問題，如果是品牌自己的生態，那麼大多將是一個封閉式的管理生態和一套內部激勵的機制，很難有幾何級的市場價值；如果是一個開放式的真正的生態，那麼這個生態將是所有參與者共有的資產，在生態的機制中都是主角，是屬於各司其職、各享權益的一個真正的自然生態，這就不會是只屬於品牌的生態。因此，未來的生態，應該是架設在以使用者為核心的合作生態上，各個品牌成為生態中的一個環節，彼此成為一個利益共同體，才能稱為一個真正的品牌生態。

區塊鏈的出現，幾乎完美解決了品牌生態建設的各種難題，從資料的分散式儲存和加密達成共享，到構建起的數位貨幣的可資料傳輸的價值體系讓價值流通跨平台無縫兼容，再到整個生態自願參與、按勞分配，公開、公正、透明地形成了集體共識和信任機制，使得每一個人都成為生態的主人，讓人們看到了構建未來真正的品牌市場生態的契機，引來了很多人的遐想。

未來的品牌生態將會開放支撐品牌行銷生態的，以品牌為中心、建立消費者連結的應用軟體，部署在區塊鏈網路中。品牌營運的參與方和消費者可以透過創作、提供算力與資料、傳播或消費等方式來獲取報酬，相應行為將獲得直接的勞動價值報酬。

由品牌生態形成的大量有價值資料，將為品牌的前期決策、定位、生產、策劃和創意提供龐大的價值。這些真實、可信、及時的共享資料將能有償地提供給品牌使用，而那些貢獻資料的機構和消費者將獲得相應的報酬。

有了品牌生態、有了生態內的價值體系、達成了資料共享和利用、建立了虛擬形象的互動和社群等這些因素的疊加，將會把品牌的發展趨勢指引向區塊鏈虛擬電商。所有的廣告內容將可直接下單採購品牌商品，相應的資料也會知道消費者對於品牌產品的需求，並及時地在授權的情況下進行推送，而開放品牌虛擬形象和消費者個人虛擬形象的雙方，虛擬形象將會成為品牌和產品的網路端銷售員，向有需求的人推薦、講解和提供後續諮詢服務等工作。

一旦品牌生態的價值體系被構建起來，其盈利的模式將不會只局限於一種或幾種，隨著更多參與方和使用者加入生態，將形成一個空前繁榮的，以品牌行銷和品牌廣告為切入點，為各個商業品牌和消費者服務，各參與方和整個生態百花齊放的完整的虛擬商業世界，也將形成前所未有的商業生態帝國。所有的參與方除了可以參與其中並從中獲取服務與報酬外，還將最大限度地被鼓勵創新和創造。更關鍵的是，品牌生態構建起一個商業世界的營運生態和價值體系，能很好地服務未來社會，促使商業社會擁有全新的發展模式，產生無可估量的價值效益。

Chapter 13

區塊鏈將革新原有的品牌行銷邏輯

如果區塊鏈如願地介入品牌行銷中，形成了行銷上的廣泛應用，這個行業會發生什麼改變？

在商業市場中，品牌和廣告的發展貫穿過去的每一個經濟週期，也因為不同週期的市場需求而有不同的地位和方法論。圍繞產品需求的產品經濟，以集中生產、規模行銷為特點，品牌被賦予更高時間性的縱向累積效應；而圍繞網路為載體的流量經濟，以多元生產、碎片行銷為特點，品牌則轉向空間感的橫向增值效應；到了區塊鏈的生態經濟時代，將以精確生產、共生行銷為特點，品牌開始走向群體共創的品質守恆的黑洞效應。因此，區塊鏈的到來，將會極大地改變原有的品牌行銷邏輯。

區塊鏈帶來的品牌行銷的轉變，將會從品牌的行銷傳播開始，以品牌及消費市場為中心，構建起一個全新的生態，讓品牌、供應商、媒體和消費者能夠在授權與信任的基礎上，完成大量的創作、傳播、展示、表現、體驗和互動等多維度應用。

品牌傳播

品牌傳播的核心目標是建立品牌與消費者之間的溝通和聯

繫，區塊鏈技術解決了過去品牌與消費者之間因為供應商、媒體等中間環節的分裂，使得品牌可以直接面向消費者，也可以透過供應商和媒體到達消費者，最後輕鬆追溯消費者的資訊接收和具體的反應情況。除了追溯之外，區塊鏈的生態機制還將為單純參與傳播或看好此次傳播項目的人予以實際的價值獎勵，以建立循環的生態價值鏈。

示例一：

iPhone12 上市的時候，需要向消費者傳遞新品的資訊，於是將廣告加密接入某個區塊鏈網路，並為該廣告申請獨立身分，一方面讓該新品廣告上線至區塊鏈平台，於是在平台中的或加入協議的消費者將會第一時間看到廣告；另一方面將廣告對接與上線其他許可和接受區塊鏈協議的媒體平台，該廣告將會出現在不同媒體平台的指定位置上。消費者不管在什麼平台上接收到廣告資訊，一方面，獲取廣告的內容資訊可以追溯到廣告的來源地；另一方面，也可以透過廣告的公鑰獲得品牌的產品手冊及優惠代碼等，憑著自我感興趣的內容，消費者產生消費的同時，可以將自我購買產品的行為透過廣告的私鑰證明工作量。這樣，消費者就完成了資訊的接收、品牌的互動、消費的行為以及獲得區塊鏈網路積分的工作。

示例二：

張某是一個喜歡「蘋果」品牌的人，由於近期他沒有計劃買入新產品，但透過廣告，他非常看好該行銷專案，也願意推薦給身邊的朋友。此時，他購買了專屬於「蘋果」的 Token，等待隨著傳播的效果攀升，自己的投資升值，同時把 Token 所屬的追溯代碼發給有興趣購買產品的朋友，當朋友購買後，他也將獲得更多數量的 Token。

行銷金融

資金和資源的集中與壟斷使得全球各大品牌占據了超過行銷市場八成的占有率，依然面臨效率低下和成本浪費的問題。很多以內容創作為主的供應商，受制於品牌方成本的因素，也很難將一個好的創意付諸實施。這些難題，隨著區塊鏈的到來將被迎刃而解。所有資金有困難的品牌或企業，只要認同品牌的建設過程能帶來更好的市場反響，並有信心達成這一目標，區塊鏈生態構建的金融體系將會為其提供相應的資金支持，各方根據最終的成果獲得相應的報酬。

示例：

A 品牌的產品經過小範圍測試，非常受消費者喜歡，也透過眾籌獲得了第一筆研發資金。產品研發出來量產後，卻發現沒有推廣資金了，於是創始人開始動搖，準備放棄這個專案，可又有一些不捨。他們透過朋友介紹，發現某個區塊鏈的金融體系能夠幫他們渡過資金困難階段，於是在該區塊鏈平台建立介面，透過該生態獲得了 Token 支持，一舉把廣告推出去，獲得了市場的廣泛認知，銷售如火如荼。獲得報酬後，償還了生態的 Token 預支，也建立了在該生態上的品牌形象和資訊中心。因為市場的良好反應，更多的消費者願意購買其產品以及其建立於該生態的

Token，形成了資金流向資產的循環。

內容共創

不管在什麼時代，品牌行銷的廣告內容的產生都是非常重要的一環，而這個內容的產生也是市場的需求判斷，如消費者心理，目標消費者審美情趣，文字、圖片、聲音、影像和數位技術等藝術手段表現，不同地域文化等多樣學科和門類的綜合應用。因為其有一定的門檻和要求，就促進了工作向那些有這方面能力的供應商集中，但長期以來，集中某種程度也意味著效率的低下和成本的上升。區塊鏈生態為這一現象帶來一個去中心化的可能，將使得內容共創成為具有可行性和多元性的現實。在未來很長一段時間，資訊的傳遞將更加迅速也更加多元，技術的進步使得傳播本身更加簡單。因為簡單，則會出現規則上的很大轉變，越來越以消費者的感性認知為行銷的主動力，而只有內容能夠成為跨越時間和空間、直抵消費者內心的元素。

示例一：

「可口可樂」將在臺灣進行一次針對聖誕節的品牌傳播，希望傳播及投放一系列平面廣告。因此，該品牌透過區塊鏈網路發起了相應的加密任務，全球所有被認證的供應商和獨立設計師透過公鑰接到任務需求，並根據自我時間狀況發起接受需求的確認，在指定時間內創作並提交作品。每個參與者將獲得相應的 Token 報酬，同時「可口可樂」品牌可選擇一個或幾個作品作為最終入選作品，而參與者越多，最終入選者將根據數學模型獲得更多的

Token。最終入選的作品，其創作者將在廣告投放出去以後，從傳播效果、銷售業績中獲得一定比例的分紅獎勵，雙方便成為利益共同體。

示例二：

「Facebook」計劃於二〇二一年春節向全臺受眾進行品牌傳播，以此提升消費者的美譽度，並藉由春節的時點希望以溫情影片的方式與消費者溝通情感溝通。「Facebook」透過區塊鏈網路生態發布了加密需求，由於影片內容的製作屬於較複雜的工作，因此需求發起後，將會對各工種進行分類，可以是其中一位認證使用者接下需求並尋找各環節工作人員一起配合創作，也可以是不同工種的人分別接受各自工作，並組成臨時專案團隊進行內容創作。所有參與方將以勞動付出的方式獲得相應的報酬，同時報酬跟甲方最終傳播的效果連結，參與方均可獲得 Token 的額外累積報酬。

資料共享

在網路時代，大數據方興未艾，但又因各自的利益使資料之間無法共享，因此，傳播產生了大量的重複和分裂，造成了許多浪費，市場上卻沒有一個能夠真正共享資料又保護資料安全的好措施。區塊鏈技術的安全性，確保了各平台之間資料共享的可行性。只要加入區塊鏈協議的媒體平台及相關機構，均可在互相授權和許可的基礎上共享相關底層資料。當跨平台間的資料達成了共享，品牌行銷所推廣的廣告也將在品牌認證身分的基礎上實現可追溯跨平台廣告效果資料，涉及廣告的瀏覽、互動、評價、推薦，以及因此產生的消費資料等，將清晰且一目了然地呈現在品牌方眼前。資料共享後，將會為區塊鏈平台各方提供多種可能性，創造源源不斷的價值。

示例：

「BMW」汽車希望在二〇二二年春季上市一款智慧型電動車，擬在上市期間進行一波大規模推廣。在對市場經過一番了解後，「BMW」啟用了區塊鏈品牌行銷生態推廣此次活動。於是，在上市前，該品牌先利用區塊鏈的共享大數據對消費者市場做了一輪研究，發現消費者對於智慧型電動車的關注主要集中在對安全的不確定性上，因此，經過多方面考量，「BMW」決定將傳播的溝通點放在安全上。針對安全的溝通點，「BMW」透過區塊鏈生態發起了廣告策略及創意的需求，區塊鏈平台根據需求，在背後的資料庫中推薦了部分符合要求的供應商或臨時專案團隊以執行創意。當內容確定後，「BMW」再借用區塊鏈生態的大數據對部分消費者進行採樣調查研究，發現大家非常滿意這個創意。而在傳播中透過區塊鏈協議，大量的個人消費者主動關注其內容，同時許多加入協議的媒體也主動參與其中，將廣告上傳至自己的平台。對於「BMW」來說，透過區塊鏈網路可以清楚地看到所有平台的傳播資料情況，完成了一次盡在掌握的、成功的行銷。

虛擬娛樂

隨著品牌行銷生態的授權和許可，使用者越來越多地參與了互動、貢獻了價值，越來越多的媒體加入到區塊鏈智慧協議中，大量的礦工參與並貢獻了算力，使得資料的累積呈幾何級成長，也不斷增加其安全性。此時，品牌可以啟動自己累積的各種虛擬身分識別，透過對接自我的定位、社群網路平台等，採取人工智慧的技術，形成品牌獨有的形象，可以是虛擬的品牌形象，也可以是品牌既有代言人的虛擬形象。該形象可以代表品牌的身分，具有品牌的性格，會唱歌、會跳舞、會講故事等，能與消費者進行各類互動。

示例：

「巴黎萊雅」新一年度的代言決定起用臺灣知名影星舒淇，於是透過區塊鏈平台為舒淇建立了具有品牌性格的虛擬形象，並讓該虛擬形象擁有和舒淇一樣的聲音，透過區塊鏈的建構和人工智慧的學習，該形象將會在品牌授權下與消費者進行互動。隨著新商品的上市，身為發表會的發言人，也身為產品解說員，舒淇的虛擬形象首先在網路上為消費者舉行了一場虛擬發表會。

該虛擬形象還可以在每天早上為消費者介紹如何化妝，以及如何用新產品化出更多不同的妝容。當大量消費者被這個虛擬形象挑起消費熱情後，很多人還是覺得不過癮，希望有更多深入的互動。於是經過品牌的授權和許可，消費者可以在區塊鏈平台中支付相關的 Token，獲得進一步與該虛擬形象互動的權限，可以點歌，可以要求該形象跳一段特定舞蹈，也可以在睡前由虛擬形象為消費者講則床邊故事或讀本書。

社群網路

在自媒體時代很長一段時間裡，很多人都在提倡品牌社群，但最後卻發現這是一個偽命題。由於品牌沒有很好的形象和性格，沒有強有力的大數據基礎，而消費者從現實的角度考量，他們需要的是品牌的產品和服務，並無所謂與品牌進行社群活動。自從有了智慧區塊鏈虛擬形象，才真正地建立起品牌社群的基礎。

品牌與消費者之間的社群。建立在虛擬形象或代言人虛擬化的基礎上，品牌第一次完成了一方面讓代言人為消費者傳遞品牌資訊和提供相應服務的任務，另一方面也可以讓消費者與虛擬形象或虛擬代言人進行日常溝通，包括客服、娛樂互動、交友等功能，讓品牌在虛擬空間鮮活起來，而消費者可以真正地成為品牌的朋友，品牌也是消費者生活中的好夥伴。

品牌與品牌之間的社群。以往的品牌和品牌之間更多的是競爭關係或者無相干的關係，建立在品牌行銷生態上的各個品牌擁有自我的虛擬形象後，可以真正地連結彼此，虛擬形象之間甚至可以相互交流彼此的品牌推廣效果及心得，也可以探討相關的合作。其中一個品牌如果開產品發表會，虛擬形象可以邀請彼此比較貼合、目標消費者比較相近的品牌的虛擬形象一起出席相應的發表會，互相站台。有時，線下的品牌之間的跨界合作受制於成本、不便利等因素比較難實踐，但在虛擬環境中就很容易進行。

消費者與消費者之間的社群。當大數據和跨平台資料共享已經相對完善，消費者自己也可以建立自己的虛擬形象，擁有自己的性格和聲音，在自己授權的基礎上，就可以在區塊鏈網路中與品牌或者其他消費者交流或溝通，為個人建立起智慧虛擬人物，使自己可以多點合作、分身交流、分擔壓力等。如此，便可以構築起龐大的虛擬世界，我們的吃喝玩樂、喜怒哀樂等將在虛擬的空間中真切地體驗和活動。

虛擬電商

隨著虛擬的品牌形象和虛擬的消費者形象的建立，在安全而又開放的虛擬世界裡，似乎做到了讓真人走進虛擬世界的感覺。當交流溝通、資訊傳遞甚至感官被虛擬實境表現，虛擬購物也就成為其重要的一環。當前的平台式電子商務將會逐漸被取代，取而代之的是構建在虛擬環境中的立體虛擬電商。這個虛擬電商是建立在去中心化的生態內的去中心化電商，品牌和商家透過區塊鏈網路，向整個生態的各個節點廣播自己的商品情況，生態中的各方能清楚地知道商品的資訊，有興趣的人便會下單購買，購買過程是以虛擬 ID 進行，沒有人知道是誰購買了，虛擬 ID 背後會指向真實消費者的收貨地址，並由物流商家根據虛擬 ID 提供的定位送貨上門。整個購物過程在虛擬網路中進行，達成去中心、對等式、安全的購物模式。

示例：

「華碩」的品牌虛擬形象 Zenbo 在向消費者傳播品牌資訊的同時，也可以根據過往與眾多品牌粉絲建立的關係，以及所了解到的消費者喜好，為每個人推薦合適的產品。Zenbo 與消費者的虛擬形象溝通後，根據消費者的需求和痛點推薦相應的產品，消費者的虛擬形象將會告知消費者所推薦的是怎樣的產品，並展示所推薦產品的相關好處。在消費者確定購買後，品牌方會將產品迅速地送到消費者指定的地方。

這一系列由區塊鏈帶來的品牌行銷邏輯轉變的設想，一直以來是商業市場中各方的痛點和需求，只是在過去，相關問題一直沒有得到解決。今天的品牌行銷領域，就像飛機被製造出來的前夜，當我們已經研究清楚空氣動力學，當我們已經製造出引擎，離飛機起飛只剩下最後一步，這時便需要智者和勇士勇敢地踐行。一個全新的行銷時代即將到來，一幅全新的品牌行銷圖景也終將展現在人們面前。

Chapter 14

全球在市場行銷領域的區塊鏈探索

區塊鏈與品牌行銷的結合只是一種設想，還是具有實踐的可能性？既然備受關注，有人真正付諸行動了嗎？結果又會如何？

區塊鏈在一個美好圖景的吸引下，在未來名義的感召下，從二〇〇八年中本聰發表白皮書開始，已經從一個人參與的事業，在幾乎沒有花一分錢的情況下發展為千百萬人參與的一個大領域。很多人都知道，布局區塊鏈就是在布局未來。在很多理想者的眼中，區塊鏈的世界就是一個心中理想國的原點，具有美妙而遠大的意義。儘管現在的區塊鏈還處於早期階段，但這塊石頭落在水面的時候，它的漣漪已經不自主地蕩漾開來，以技術的吸引力和完美的獎勵機制吸引了一批又一批各界人士前仆後繼地參與，都努力地從各個維度去自發自主地進行全方位的實踐，可以預見，這個漣漪將會蕩向大海，最後在一個廣闊的市場需求的海洋中掀起不可估量的驚濤駭浪。

區塊鏈技術研發及其實踐

區塊鏈自從比特幣的誕生開始發展，因其獨特的技術範式被技術專家青睞，被不斷地疊代研發和實踐。

比特幣作為第一個成功的應用，技術上將密碼學結合對等式分散式儲存，以解決電子記帳的問題，並以獎勵的機制完成電子現金系統。這個技術邏輯在經歷了無數次的安全考驗後，被越來越多的人所認知和認同，也成為全球很多人接受的支付工具。可惜的是，在支付方面，比特幣的挖礦和交易確認機制在短時間內還無法超過中心化的銀行體系的支付效率，基本上最快只達成了每秒一千筆交易，與銀行和 LINE Pay 等中心化的支付方式每秒超過十萬筆交易的速度遠遠不能比擬。為了保證絕對的公平，比特幣短時間內無法達到真實現金的作用，使得中本聰的比特幣成為電子現金的設想轉而朝著數位黃金的方向發展。不過，人類社會除了資訊溝通和交易支付等方面需要解決高頻效率的問題，在其他方面並沒有即時的高效要求；而區塊鏈的特性，卻能在很多方面提升人類生產和生活的效率。如在跨境支付中，目前的資金結算和流通都以美元進行核定，那麼一筆國際交易產生的跨境支付，從交易發生到支付相應貨幣，再到透過聯邦準備系統結算和兌付給賣方的過程，其完成的時間從七天至十五天不等，有了比特幣或者其他數位貨幣後，這個支付、結算和兌付的時間將縮短為一小時以內，效率被大大地提升。

為了進一步提高支付效率，大批區塊鏈的項目和極客開始從多個角度不斷去嘗試。典型的如 Rippler 瑞波幣，創始之初，看到了全球在國際貿易、跨境支付、跨境匯款等方面的龐大需求和龐大市場，但同時，目前體系中跨境的這些資金往來受制於結算體系和流程複雜的影響，成本極其高昂，這便有了一個很大的機會去解決問題而占用市場。Ripple（瑞波）因而誕生，建立在區塊鏈技術上，是世界上第一個開放的支付網路，致力於最終使世界可以如交換資訊一般交換價值——達成車聯網（internet of value, IoV）。Ripple 解決方案使得銀行之間毋須透過代理行，而是可以直接轉帳，且及時、準確地結算，以此降低結算總成本。全球各地的銀行透過與 Ripple 合作來提供更好的跨境支付服務，並加入在價值網路基礎上建立起來的、不斷壯大的全球金融機構及服務商網路。人們透過這個支付網路可以轉帳任意貨幣，包括美元、歐元、新臺幣、日元或比特幣等大部分現行法定貨幣和數位貨幣，目前已經與六十多個國家的法定貨幣捆綁。從二〇一三年開始至今，Ripple 已經透過技術的不斷更新疊代，呈現越來越穩定的狀態，毋須挖礦，獨特的對等式支付，做到了三秒完成跨境支付的瞬時支付及結算能力。Ripple 的技術創新除了受消費者的喜愛以外，也同樣受到各國的銀行歡迎。過去，Ripple 先後與全球各大銀行共同設立了全球支付管理系統（global payments steering group, GPSG），與美國運通（American Express）及桑坦德銀行（Santander）合作，協助雙方的跨國交易，日本三大信用卡發卡公司 JCB、三井住友與季節信用將藉由 SBI Ripple Asia 所提供的 Ripple 技術與韓國銀行進行跨國支付。透過 Ripple 的探索和實踐，在全球的支付領域展開了一個不一樣的新模式和新機會：首先，方便了全球支付服務，又節省了支付成本；其次，提升了商業市場的效率，也增加了市場機會；最後，既增加了交易數量，又提高了支付收入。這算是一個相對成功的區塊鏈探索。

通證經濟的實踐

自比特幣興起，帶動全世界對於其底層技術——區塊鏈技術有更廣泛的認知，也因為其價值的獎勵機制和可流通的數位權益證明，引發了全球範圍內對 Token 的趨之若鶩，由此形成了通證經濟的觀念。按照中本聰的想法，以比特幣為代表的數位貨幣能夠成為法幣之外的可自由交易和兌付的電子現金。尤其是自 ETH（以太坊）區塊鏈的誕生，把智慧合約的模式帶入區塊鏈領域，透過區塊鏈技術，可以達成交易支付、融資、儲值，甚至包括股權、股份、證券等的多權合一功能。在短時間內，讓全球的個人和機構都可以運用以太坊開發智慧合約，可憑藉以太坊區塊鏈融資、發行代幣，也就是 ICO。ICO 的利益魔法盒一旦被開啟，全球區塊鏈的項目便劇增，從幾十個增加至幾千個，數位貨幣從十幾億美元增加到峰值的幾千億美元。不過，隨之也帶來了一系列的問題：首先，數位貨幣的快速發展，大批年輕人趨利投身其中，各個國家政府開始擔憂，數位貨幣的技術特性及發展勢頭可能會挑戰國家對於貨幣的控制權；其次，大量不規範的數位貨幣專案噴湧而出，由於市場不成熟以及沒有市場的穩定機制，導致數位貨幣的價格漲跌幅度過大，陷入非理性的市場環境中；最後，大量的非法詐騙和傳銷力量假借這個快速成長的市場模式展開欺騙行動，影響社會的治理和穩定。因此，各個國家分別發布了不同的政策，試圖制約或規範這個市場，也不斷地激發各國對通證經濟的反思。

如何才能使數位貨幣與法定貨幣一樣，處於長期相對穩定的狀態？如何能夠既鼓勵技術發展，激勵市場的創新，又有利於實體經濟的發展？如何做到滿足國家主權管控？

這幾個問題一直是區塊鏈出現以來被廣泛關注和思考的問題之一。二〇一四年一個叫泰達幣（USDT）的幣種應運而生，這是由註冊在曼島和香港的一家叫 Tether 的公司，以比特幣區塊網路為基礎，在這之上構建了名為 Omni Layer 的通訊協定（或網路傳輸協定）發起的幣種。泰達幣根據市場的需求量發幣，並以一比一錨定美元為機制，消費者購買它，把美元給 Tether 公司，該公司將美元存入銀行，使用者退幣時只收取百分之五手續費和銀行的存款利息。泰達幣的發行和發展，受到在香港註冊的交易所 BitFenix 的大力支持，並逐步被各大交易所認可和應用，使用者買到泰達幣後可以在各平台兌換其他幣種，泰達幣從零開始，只用了幾年時間就發行了超過三十億美元（約新臺幣九百零二億元）價值的數位貨幣，也因為其特點和應用的廣泛，在市場上被看作是一個比較可信的穩定幣。

儘管泰達幣應用廣泛，因其資產為一個公司發行和擁有，而帶來了一系列市場的懷疑。究竟泰達幣是否有足夠的資金去錨定美元？泰達幣是否也和其他幣種一樣屬於空氣幣？一個掌握在私人手裡的穩定幣，從人性角度來説肯定是不可靠的，究竟能穩定到什麼時候？各種問題奔襲而來，很多人在使用泰達幣的同時也在思考區塊鏈通證經濟的問題。

對市場來説，在通證的範疇中，一方面，是要找到一個或幾個真正的穩定幣，可以讓流通的價值不至於受太多不確定因素影響；另一方面，最期待的是整個幣市能夠從劇烈波動中走出來，整體呈現穩定和成長的趨勢，而這就需要真正擁有區塊鏈技術且通證經濟在實體經濟的落地應用，只有這樣，幣市才能有實際的價值映射和展現。

區塊鏈服務實體經濟論辯

我們都知道，在網路發展，尤其是在電商領域的發展過程中，領導人經常呼籲電商的發展和虛擬經濟的發展一定要服務於實體經濟，創造實體的價值，只有這樣才是符合國家需求的發展模式。可現實情況卻是，看到電商的興起，老百姓特別開心，得到了很好的服務，達成了「在家購全球」的理想；同時，我們也看到一批批實體企業經濟萎靡，隨著經濟的整體下滑，很多實體企業走向了生意大量下滑和倒閉的境地。

在過去的幾年裡，電商的虛擬經濟如火如荼，而實體經濟走向低迷。電商的發展，改變的是市場消費的模式，也在一定程度上促使了市場的生產模式要順應市場消費模式的改變而改變，但並沒有從根本上改變市場的生產方式。原來工廠或企業研究市場需求，從進行研發到生產、通路鋪貨、宣傳推廣、消費者去終端購買再到售後服務等一系列過程，完成的是傳統生產和消費模式，在電商時代，企業直接看到消費者需求，生產前已經開始消費，拿到訂單後進行生產，去掉了通路的鋪貨，直接在平台銷售，直接改傳統的流程和邏輯。很多經營於通路和生產線的企業，由於不適應改變，不能快速地轉變經營思路和模式，便會面臨生意下滑甚至失敗的情況。而一些小品牌和與時俱進的大品牌，由於它們及時改變了生產模式，開拓了一片新的天地，減輕了負擔、也更快速地獲得了虛擬經濟的紅利。這形成了一個品牌發展重新洗牌的過程。深究其原因，事實上虛擬經濟對實體經濟的衝擊更重要的在於，一方面，企業的生產和發展沒有滿足市場和社會的發展需求，被逐步淘汰；另一方面，經濟結構處於失衡的狀態，在一些低端的、低品質的領域，產品大量投入與長期發展，而在一些高精尖的、高品質的領域，卻始終無法發展起來，這一問題與老百姓因為網路發展和走出國門看世界，因而提高了眼界和要求，形成鮮明的對比，於是在電商提供的便利面前，他們必然從底層開始打擊，紛紛拋棄了傳統的落後實體，轉向擁抱虛擬經濟。虛擬經濟的發展，事實上是一種對實體經濟的更新疊代，打通全球消費通路，推動實體經濟改革。

在區塊鏈到來的今天，我們看到這個技術以虛擬的代碼興起，因為獨特的創新技術和由技術帶來的理念革新，必將在未來改變世界。只是在發展過程中，因為其強大的價值體系，促使全世界為之瘋狂和搖旗吶喊，年輕人都希望世界經濟和財富來一次重新洗牌。而代表物質時代的傳統實體經濟和代表資訊網路時代的電商經濟在區塊鏈的面前都帶著幾分恐慌，很擔心被奪去既得的利益和權力。於是很多人開始呼籲要遏制區塊鏈的發展，要求區塊鏈必須服務於實體經濟，才是符合社會要求的經濟模式。

當我們冷靜思考便會發現，其實區塊鏈的出現和存在，與當年以電商為代表的虛擬經濟一樣，說明其發展滿足了社會的某種需求，有其存在的合理性。區塊鏈的出現，在其解決現行世界無法解決的問題上，讓人們看到了更多可能。社會朝著未來發展，我們知道即將到來的是人工智慧的社會，是萬物互相連結的社會，但在通往未來社會的時候，很多人無法共享加上安全係數問題總是無法解決，於是區塊鏈誕生了。我們發現，只有很好地發展區塊鏈，才能使全球的大數據安全共享，只有達成大數據的全球共享，才能實踐全球萬物的互相連結，而只有達成物聯網，才能塑造真正的人工智慧。未來人工智慧是社會的主要生產力，而在通往這個強大的生產力的路上，區塊鏈是根基，也是最重要的生產關係。在這樣的基礎上，我們去探討區塊鏈帶來的新一輪虛擬經濟的發展，某種程度上並不是在破壞實體經濟，而是在創造可能，為了達成未來的實體經濟而構築堅實的根基。但在社會發展的過程中，傳統實體經濟如果不能符合未來和市場發展的趨勢，必然會因為新經濟模式的發展浪潮而衰弱，或被拍死在沙灘上。

因此，區塊鏈服務的實體經濟實際上不是傳統的、落後的、不符合市場需求的實體經濟，而將是顛覆過去的、不合時宜的實體經濟，取而代之的是新興的、未來的、與時俱進的、滿足廣大群眾的實體經濟。如果我們抱著對過去的留戀和一小部分不合時宜的落後實體經濟而排斥新興技術與經濟的發展，等於是故步自封、不思進取，也等於是為了一棵陳年老樹，而放棄了更廣闊的未來整片欣欣向榮的森林。如果我們主動地讓新經濟淘汰舊經濟，形成合理的、開放的競爭，將會很好地奠定未來經濟的價值基礎。

今天的經濟社會建立在物質的基礎之上，卻不斷地通向精神世界。經濟基礎決定上層建築，我們固然要非常重視經濟基礎的發展，但這句話的終點卻是為了精神世界的上層建築。人類社會的發展建立在物質的基礎上，從原始到封建再到資本主義，我們付出的努力都是為了維護生存權利、提升生活品質、實現自我的價值。物質發展到今天已經有了翻天覆地的變化，從歐洲到美洲，再從美洲到亞洲，最後可能從亞洲延伸到非洲。人類的財富和經濟，總是朝著一個趨勢平衡。儘管我們知道還有很多人沒有解決溫飽問題，世界經濟的發展依然不平衡，但整體的提升已是趨勢，歷史上的每次變革並不是在完全平等的時候才會發生，恰恰相反，是因為不平等才產生了變革。

未來精神世界將會是人類物質世界的重要延伸，也是最大歸宿。相對於物質世界，精神世界充滿了無限空間。今天的網路虛擬經濟能夠受人們歡迎，為人們帶來便利，是精神世界的初始狀態，讓精神世界的資訊獲取更為自由，具有很大的經濟價值；虛擬遊戲帶來了空前的經濟利益，説明人們對於精神的享受願意付出比物質更高的代價。當我們打開精神世界的經濟體系，未來的實體經濟將會顯得相對次要，以物質世界為基礎，開拓更廣闊的精神世界的經濟模式，兩者交相輝映，將是我們更美好的未來。

所以在短期內，我們努力支持實體經濟，努力滿足物質的需求，這無可非議；但從長遠看，建立在實體經濟基礎上的虛擬經濟將會是更重要的人類未來。

對話與思考

鄭聯達：「您是在什麼樣的機緣下介入區塊鏈這個領域的？」

白碩：「是因為工作。區塊鏈、比特幣對傳統金融到底有什麼影響？有沒有威脅？當時在傳統金融機構工作，需要先回答這個問題。我們就安排做這種前瞻性的研究，所以就這樣接觸到了。」

「你總得有些準備，要不然將區塊鏈擺在你面前，你不一定認識它。我在安全部門工作過，後來當學者的時候做過這種安全協定、邏輯分析，先後接觸了一些很好的、頂級的安全專家、技術專家。然後進入金融機構，主要接觸金融，但是金融 IT 也比較綜合。你接觸了金融之後再去理解這些東西，就和純做安全的理解又不一樣了。所以還是各方面的機緣吧！」

鄭聯達：「區塊鏈作為一項新的技術，您覺得它是一個突然的創造，還是它本身是社會思想和技術發展到一定階段的自然產物？」

白碩：「先説區塊鏈到底有多大的創新。它的每一個組成部分都沒有創新，無論是密碼學、分散式系統還是 P2P 網路，甚至包括博弈、貨幣的部分，無論是技術源頭還是思想源頭，你都可以找到與它相關的一些原材料，我們需要做的就是把它們組裝到一個場景裡。所以我們説它是一個協定創新、組合創新和場景的創新。這樣去評價它可能就比較恰當了。」

「然後我們再説它到底是一種靈感的產物，還是社會發展的趨勢。我覺得從比特幣之前的那些先驅的、努力的方向看，價值傳輸本身是學術界想做的一件事。都知道資訊不守恆，資訊可以被複製無數份，而價值恰好是要透過在這個網路運作才能被展現出來，又不能被隨便複製。這本身就是一個技術挑戰。你回應這個技術挑戰，它本身就是技術發展內在邏輯裡面的應有之意。所以從這點來看，它有它的歷史邏輯。」

「現在說外部的壓力，我們可以看到，金融危機是一個比較大的壓力。這些極客會想著，在金融危機的背景下，為什麼不能自救？我們為什麼一定要面對這種寬鬆政策，我們真的就無能為力了？如果說我們能夠做出一種黃金或者具有黃金屬性的東西，那麼大家就會儲備它。」

「你可以傳資訊，資訊是可以複製的，那我就傳一個不可複製的東西。信任是不可改變的，價值是不可複製的，這兩個東西能不能傳？這兩個能傳。（因為）一個是技術上它有內在的邏輯；另一個是在社會網路化時代，它有一個客觀的需求。所以不管是誰、以什麼方式呈現，不管是在誰的手裡完成，那是早晚的事。它畢竟是一個方向。」

鄭聯達：「您覺得區塊鏈最大的障礙在哪？」

白碩：「區塊鏈講的是信任，講信任就離不開開源，因為你不開源可能也很難取得信任；但是一旦開源就避免不了被山寨。所以從比特幣誕生起，它就面臨被山寨所包圍的問題。所以網路也好，一家店也好，一個什麼也好，它怎麼樣能夠從山寨的干擾當中脫穎而出、鶴立雞群，就是說它能證明自己的品質是不一樣的，是經得起考驗的。這件事情它需要一個過程。」

「這個過程也是對算力的一種爭奪。因為你若想山寨，你勢必得分散一定的算力。全社會算力的分布集中在哪？這件事情其實就是一個慢慢形成品牌的過程。」

「大家的算力到底選擇誰，這是完全民主化的。選擇了你就證明你的品牌具有獨特性。比如說像 EOS 這種情況，它決策誰是超級節點，超級節點本身是以資金作為籌碼的，那就看能夠被吸過來的資金是多少。所以你看這個資金就知道它的品牌怎麼樣，PoW（工作量證明）那肯定是看算力了，算力投向誰，誰就是品牌。在這裡，我們主要是說公鏈。」

「從聯盟鏈這一邊，它的成長非常漫長也非常艱辛。因為沒有圍牆，最後全都是開源的，只有開源的能夠站得住，不開源的連起碼的建立信任都很吃力。一旦開源的話，跟一些傳統的企業比，因為它沒有圍牆，確保自己生存都很困難，它還從何去談建立品牌？所以大家都活得很辛苦，只能在活得辛苦的情況下找幾個表現還不錯的。所以你在這裡面去找一個品牌，我覺得還差得太遠。我這裡是說在鏈圈差得太遠，但從幣圈來看，品牌已經有了。」

鄭聯達：「所以就是說不要反過來逼迫品牌、社區去創新，如果在創新上能有突破、有夠吸引人的地方，就會使其發展得更好。」

白碩：「對。但這不能是短期行為。我們也注意到有的交易所愛弄短期行為，也許一時覺得熱鬧，可熱鬧過後呢？這並不是長久之計。所以一定得是技術上獨到的，或者說商業模式上獨到的企業才能生存得更好。」

鄭聯達：「從目前來看，很多人都停留在炒幣上。那麼從技術角度來說，現在全球的企業或者品牌已經把區塊鏈用得比較能夠產生社會效益了，您有什麼可以和我們分享的嗎？」

白碩：「目前看來，區塊鏈的專案普遍做得比較小，所以要我馬上舉出一個社會效益非常明顯的，確實是沒有。」

「區塊鏈被駕馭在一個可以被隨便複製、隨便改動的網路環境中，可以說，這就是一個挑戰。」

「所有企業的數位化過程都在加速，而它們的加速卻有著不好的弊端：平台型的公司走太快了，帶來一個什麼樣的問題？它何德何能？只不過它有資金，它用一種比較原始的方式累積了別人的大量資料。因為有別人的資料，它就發展起來了。但這並不是長久之計。」

「那我們其他的平台型公司會好點嗎？我覺得也都是躺在別人的資料上面。但躺在別人的資料上這件事情能維持多久？隨著人們對資料權益的重視，很多用別人的資料賺錢的方式，放到像歐盟這樣的地方已經不可行了。在數位化的過程中，資料集中得太快了，而這種私有的，包括個人、企業在這方面的力量又太弱了。所以，我們要回過頭來想一想。」

「個人、企業的資料權益該如何展現？在企業內部，過去它沒有全面進入數位化時代。那麼，當它全面進入數位化時代以後，企業內部的治理以及內部的獎懲，甚至包括企業和企業之間的利益關係、企業和自己的外包資源之間的利益關係，除了可以用法律來調節之外，也可以用資源獎懲這樣的方式去進行調解。這個調解在充分數位化之後，像區塊鏈這樣的手段是不可阻擋的。」

「所以我認為，第一個就是數位化本身的潮流不可阻擋。既然在數位化時代，我們要被數位化的東西除了傳統的資訊之外，實際上還有很多有強烈的價值和信任屬性的一些東西，包括各式各樣的代表權益和權利的一些手段，都可以透過區塊鏈來展現。這個一旦做到了，會出現一種回頭。什麼意思？就是這個平台型的公司不要發展太快，而且有很多東西不應該是個人的。或者說從全社會角度來講，還有更合理的一種組織形態，而不是把所有的資料都集中在一個地方。」

「我曾經寫文章說過這件事，會出現一種新的形態叫做『平台留下，資料回去，公司解散』。意思是說平台型公司是沒有必要的，資料從哪來就回到哪，平台本身有它的價值，但是要改造，不要把它變成一個資料集中的平台，而要把它變成一個資料合作的平台。我覺得區塊鏈對於這件事情是可為的，因為它是代表未來的。我們主張這種資料權益的話，就需要將數位化的生產營運環境貫徹到底，這些需求在區塊鏈中是可以達成的。」

鄭聯達：「另一個角度是說一種技術或者它的一個產品，它要具有經濟價值往往需要具備幾個條件：第一是提高效率；第二是降低成本；第三是增強使用者的體驗。區塊鏈的技術，包括它的通證，具有這樣的優勢嗎？」

白碩：「這個可能是像比特幣，它太典型了。一些特性可能就被誤導為整個區塊鏈的特性。」

「是不是區塊鏈就一定得這麼慢？是不是就一定得這麼笨重？所有儲存的資料都要帶著跑？這些其實就是說，如果多了解一下各種不同的區塊鏈的展現方式的話，我們會發現那不是唯一的。我們可以做出快的區塊鏈，我們可以做到：第一，儲存輕便；第二，用社會化的服務來做這種公共儲存或者久遠歷史的儲存。」

「還有一個是說我們可以分層儲存。我需要尋求某種證明，我替它上鏈，只要上鏈很小一點，那更多的私有資料就都上鏈了，把這些都安排妥當以後，我們就可以澄清一下，並不是所有的區塊鏈都是那麼低效率和笨重的，我們可以有更好的表現手段。這是第一個問題。」

「第二個問題，成本降低。如果將區塊鏈用於降低成本這件事，它不是從一個系統就能看出來的。如果單從一個系統來看，它帶來了更多的冗餘，為了尋求安全和不可篡改，因為有那些東西，這個系統一定要做得比別人冗餘。所以這個成本不能從一個位或者一個什麼價去算，而要看它取代了一個什麼樣的路徑，我們得從路徑上看。它最大的作用是路徑的替代和路徑的重新定義。如果它不能做到重新定義路徑，就不能做到路徑方面的優化。這個路徑的優化本身是從社會的角度考量，是為了節約社會總成本的。所以它在不同性質上有不同影響力，可能單一企業採用區塊鏈的決策會對這個企業造成成本升高的困擾，但把區域鏈放在全社會中，卻能發揮更好的作用。」

「這樣看來，我們可能遇到一種有意思的現象。處於守勢的這種大的企業，它們可能在整個潮流面前是一個既得利益者，它可能不願意去採用區塊鏈，因為它又費成本，又廢掉了它占優勢的傳統路徑。但是另外一些輕裝的（企業），它沒有歷史包袱，不必擔心被去掉什麼，但是它已經贏得一些從社會總成本上看划算的東西，它在這裡面抓住這個機會。所以，可能作為一間傳統公司，它的技術很強，裡面懂商業模式的人也很多，它們看到了這條路，但是礙於它們自己的立場和歷史包袱，它們不會去擁抱這個東西。」

「我們再回過頭來說，從歷史上看，品牌本身也在降低社會總成本的過程中起了作用。為什麼？你的任何一個產品，它都會有它的原材料、零部件以及各種加工環節、各種設計環節。你控制所有環節裡面的品質，還要用終端使用者一家一家地去做，這件事情的成本會高得驚人。所以品牌很好地利用了這點，品牌透過它的這種集成，把之前的這些環節的品質管制全都消化在它的品牌裡面。所以大家面對的就是一個品牌，這個認知就是這個品牌。」

「因此，我們就可以認為品牌本身的確立就是這個過程。這還沒有說到區塊鏈。但是我們回過頭來說，以這種集約化的品質管制為生的品牌，將來會受到區塊鏈的調整。因為之前那些環節的品質管制，如果有了區塊鏈，它可以對等地去做。」

鄭聯達：「等於大家一起做，這樣的話也是降低成本。」

白碩：「對，也可以降低成本。它在跟你不同的路線降低。如果說在這個地方出現一些局部的提升和異軍突起，我覺得完全有可能。」

鄭聯達：「那在整體的使用者體驗部分呢？」

白碩：「使用者體驗方面我認為是一個完全不同的問題。所謂完全不同的問題可以從很多方面說起，例如我完全無感，我要的就是一個「爽」字，你背後是區塊鏈也好，不是區塊鏈也罷，我才不管。比如說中本聰當年寫的白皮書叫《比特幣：一個對等式的電子現金系統》。但是對等式最早出現在哪裡？在我們的行動支付。行動支付這種對等式的體驗，使大家完全不關心你後面是不是區塊鏈，因為已經有這個體驗了。」

「數位現金、電子簽名就是法定數位貨幣。我寫文章講過這件事情。我說法定數位貨幣千萬不要把對等式支付的使用者體驗當作賣點，這已經是不可能的了，再怎麼樣也無法超越行動支付。當時還沒有行動支付，所以中本聰他可以這麼寫。如果他看見行動支付，一定不會再把這個當作一個賣點。」

「所以第一個，如果要純粹、籠統地講使用者體驗，其實有沒有區塊鏈使用者根本不在乎。這個是從它的效率、它的友善程度等方面來看的。」

「甚至我們再進一步說，現在有很多這種證明是不對的。比如說你抵押一幅畫，你要貸款。這個也經過鑑定了，確實是值這麼多錢，有估值。你把它抵押進了銀行，然後你去貸款。之後等你還貸款的時候，有沒有人要求銀行來證明這個東西還是不是我原來放的？沒有吧？為什麼？好像我有義務向仲介證明，仲介沒有義務向我證明。其實這個方法是錯的。」

「如果說這件事情不是壟斷的，任何人都可以開仲介。而我基於技術另外設立一家仲介，我自證清白，我可以向使用者證明我沒有動你的東西，這還是你的東西。如果說這個東西可以成為一個點，就是仲介自身的合適程度的自證，不侵犯別人利益的同時又放下了自己的身段，使自己跟客戶的關係更加融洽，使客戶覺得他真的是這個資產的主人，他有權利要求你做事情，而且你得答應他的要求。我覺得仲介可以做類似這樣的事情。」

「所以我感覺從使用者體驗方面，那種快和友好不是問題。但是在『我的資產我做主』這方面，仲介的那一方能夠放下身段、能夠自證清白，其實有很多可為的地方，而這些可為的地方在區塊鏈都可以派上用場。」

鄭聯達：「我們一談到人工智慧就要談到區塊鏈和大數據。有兩個問題需要思考。第一個是這是一種什麼樣的辯證關係？第二個是人工智慧一定要有區塊鏈嗎？像 Google 的 AlphaGo（阿爾法圍棋）已經很厲害了，這是不是意味著它可以完全獨立？它不需要區塊鏈？」

白碩：「這裡面其實包含了兩個問題，一個是現實的問題，另一個是理想的問題。」

「現實是資料和使用者集中得非常快。沒多少年，網路領頭已經把使用者和資料集中起來了，而且使用者和資料之間已經形成閉環，就是說我的資料你來用，你用了之後，你又將資料沉澱下來，這些資料可以指導我更好地服務你，這裡存在一個內在的循環。往好的部分說，這個循環使資料能夠像滾雪球一樣把流量做大，所謂『贏家通吃』就是這個道理，所有基於流量的都是這個道理。」

「但是反過來說，所有的基於流量的商業模式都有一個致命性問題：這個模式或多或少都是拿著本屬於使用者自身的權益在借力打力，一旦使用者意識到這是他自己的權益，使用者不想這麼做的話，這個模式便別無選擇，只得另尋他路。」

「但現在區塊鏈是不是已經為這個模式提出了別的選擇？你優化的搜尋引擎，我能不能做一個聯盟化搜尋引擎？大家都有資料，大家也都在查資料。甚至說查資料的東西是大家共有的，你查多少我查多少，互相做出貢獻。我們當初在學術界就做過這樣的事情。查 Google 也好，查什麼也好，有些媒體會做限制不讓你查，但是抵不上人多，每一個人又都是合法的。人一旦多起來，累積下來的東西就是全量。」

「任何一個小人物都可以加入查詢，雖然個人貢獻微薄，但是仍然可以做這件事情，你也可以拿到相應的報酬。如果聯盟化的搜尋引擎、電商和社群都成立的話，那社群、電商和搜尋引擎都不需要一個集約化平台，到那個時候，這個集約化平台就是多餘的。我覺得這種聯盟化如果能夠做到公允地計量你的貢獻，然後徹頭徹尾地保護你的資料權益。如果這件事情成立，那些領頭公司是不是就沒有存在的必要了？」

「這時就需要一種分散式去中心的人工智慧。不是說現在沒有人在研究這個東西，我了解的一些不錯的團隊就在做這種分散式去中心化的、合作化的人工智慧。資料雖說是無邊的，可是大數據不是給你了它就是大數據，得透過大家的拼圖湊起來。而這個拼圖在湊的過程中不是簡單的量的疊加。這裡頭要一邊疊加一邊進行商業模式，達到利益的交換、積分的交換，對於貢獻的打賞，一連串的東西都要一起進行。」

鄭聯達：「如果這樣一起進行，是能夠提升人工智慧本身的能力，還是說會對應用更好一點？」

白碩：「你說馬上提升能力，就能夠比『Google』好或者比什麼好，這是需要過程的，不是說馬上就能將人工智慧的能力提升得多好，也不是說馬上就能使這些人工智慧的體驗效率更高。但是一定能做到總體效果不比現在中心化資料下的人工智慧差，相對有利的是你的權益會被保護得更好。然後沒有一個集約化的公司在那裡，也就沒有這樣集約化的成本，所有的成本都是去中心化的。如果這樣的話，這種分散式的去中心的資料使用和人工智慧一定會有商業上的優勢。」

鄭聯達：「您覺得這個行業的發展需要到一個什麼樣的臨界點才可以達成爆發、廣泛應用的可能呢？」

白碩：「這需要幾個條件。」

「第一是跟區塊鏈，或者區塊鏈跟大數據、人工智慧的結合，要有一個根本性的技術突破。目前區塊鏈是區塊鏈，那邊（大數據和人工智慧）是那邊，雖然有一些萌芽的技術在做這件事，但這個沒有根本性突破。若有了根本性的突破，才能使這個聯盟從頭至尾可以落地。第二是整個社會的氛圍，需要一個隱私意識或者資料主權意識的興起，這可能也需要時間。」

「即使這些都滿足了，仍有一個長期的博弈過程。因為那些平台公司也不會自動退出歷史舞台，它們肯定會從一開始的抵制轉變為尊重這個對手，也會去研究這樣一些技術，在這之後，它們甚至會做出一些不得不做出的改變。」

「所以，我覺得會有一些發展的步驟。」

鄭聯達：「我們感覺這個行業技術要求很高，門檻卻很低。所以，這個行業究竟需要什麼樣的人才來決定它真正的發展呢？」

白碩：「我覺得門檻低是一件不對的事情。現在有那麼多條公鏈和交易所，彷彿人人都能參與這件事，門檻好像很低，這個是不需要的，我可以很確定地說不需要那麼多（公鏈、交易所）。」

「但是沒有一個特別好的篩選機制，很多人還是愣頭愣腦地往裡面衝，或者說還有很多不明真相的資金使用在一些錯誤的方向上。這些都是需要改變的；否則的話，這個行業也很難長久地發展下去。」

鄭聯達：「您覺得在這個行業中，有哪些是本來就應該解決，卻長期得不到解決的困局？」

白碩：「首先是監管不能少。因為只有受到監管，大家才知道什麼東西不能做，底線在哪，才會把心思放在對的地方，把這些無底線的人趕出這個行業，它（行業）才能健康發展。」

「其次，哪怕行業自發性的話或者什麼也好，它應該有一些大家公認的評價標準，至少是一些通行的測試用例、測試標準和標準流程。你做出的這個東西是什麼樣子，這個是鐵證如山的，那你就不能胡說。現在有一些膽子很大的人，他敢把區塊鏈的性能說得天花亂墜。我覺得如果還要容忍這些人在這裡的話，這個行業就不好發展。」

鄭聯達：「您是怎麼理解在未來的社會發展中，大數據、雲端計算、人工智慧、區塊鏈的應用對社會的影響？它們是一個統一體嗎？還是說它們彼此互相分裂？」

白碩：「原來這個社會是一個實體的社會。當數位化的技術發展起來之後，它有了一個數位化的世界，但是這個數位化的世界跟實體的世界還沒有完全融合，有分裂。我們看到的這個分裂，比如說你在數位化世界裡做了九成，但就因為一個什麼事情，你還要回到實體的世界裡面繼續做，而且那個地方可能會成為你的瓶頸，又慢，效率又低，你還做不好。」

「我覺得解決這最後的一成，讓數位化世界跟真實世界合作，是最有意思的一件事，也是最有挑戰性的一件事，還是目前最沒做好的一件事。」

「我們不提自動化，就提數位化。數位化最重要的意味之一就是涉及剛才說的內容，即它是一種權利（力）和權益。權利的展現，就是說我做了這個東西，你是不能碰的，只有我能碰；權力是說，我這個就是算數的，是這樣的你就得執行；權益就是說，這件事結束以後或者什麼條件滿足以後，該分給我的還是要分給我。這些都要去兑現。在數位化世界裡真正達到兑現這件事情，是我目前覺得缺得最大的一塊。」

「這一塊如果不做的話，你便是空有大數據、空有智慧。大數據是原材料，人工智慧是加工原材料的各式各樣的算法，只有把這些東西結合起來，數位化世界才是一個完整的、閉環的。現在沒閉環。所以我覺得在數位化世界裡面形成閉環是最大的挑戰，就是人工智慧、大數據、區塊鏈必須一起發力，包括物聯網。這是一個一體化的東西、一個最大的挑戰。」

「如果這個東西能夠完整做出來的話，這個世界就會很不一樣。」

「因此，在人類和社會向著未來更合理的趨勢邁進的時候，你會發現，也許區塊鏈在解決這一系列的問題上，有著美好的想像空間。尤其是當大數據、雲端計算、物聯網、區塊鏈和人工智慧可以被一體化實現時，對於未來的商業市場、品牌行銷、社會和世界整體都會有很大的意義。」

鄭聯達：「在您的認知中，如果區塊鏈真的能夠如想像中那樣理想化，未來的社會應該是什麼樣子？」

白碩：「我覺得這種價值流動的服務、信任的服務，應該像自來水一樣成為一個社會的公共基礎設施，就是為你提供服務。因為它是信任基礎設施，所以它跟別的不同，它不光提供服務，它還能自證，就是這點不同。」

「事情的矛盾就在這。我們總是希望它是一個無所不在的基礎設施，但這個基礎設施不光能為我們提供服務，還能證明它在提供服務的過程中沒有做其他的事情。」

各品牌和專案的區塊鏈探索

在區塊鏈領域的飛速發展過程中，不論是技術的研究和應用，還是通證經濟的探索和實驗，抑或成為一種新的行銷思路，都有其重要的意義。一路上，不斷有各類品牌、產品和公司參與其中，有些甚至影響深遠。

1.「迅雷」

「迅雷」是一家在中國深圳成立的網路技術公司，其在對外的展示中表示，「迅雷」長期致力於以領先的雲端加速技術和系列產品，為使用者提供基於大容量娛樂資料傳輸的雲端計算服務，幫助使用者在多終端上快速獲得數位內容，從而加速大網路時代的資料傳輸。業務涵蓋下載加速、影片加速、遊戲加速、上網加速等領域。從二〇〇三年開始至今，「迅雷」的總使用者數超過四億，活躍使用者達到一億四千萬，占有雲端加速產品和服務市場百分之八十四點一的市場占有率，並於二〇一四年在美國那斯達克上市，一路備受矚目。

不過，更讓「迅雷」受到世人關注的則是二〇一七年「迅雷」結合區塊鏈做的一系列動作，可謂讓全球的人們看到了「迅雷」在科技創新和潮流趨勢上的行動力。

「迅雷」的核心業務是雲端加速，講得清楚一點，就是幫助使用者貢獻出自己剩餘的頻寬流量，共享給其他有需要的人或機構，幫助他們加速下載、加速上傳，並為那些對遊戲、影片等有高流量要求的人們提供加速服務。這個業務形態由於其獨特性，迅速贏得了大量的市場。為了拓展更大的市場，「迅雷」於二〇一五年推出賺錢寶的硬體，只要消費者購買這個硬體並接入自己寬頻的閘道器，便可以輕鬆出售自己的剩餘頻寬並獲取一定報酬。該硬體一度受到眾多使用者歡迎，但新鮮度和吸引力隨著頻寬越來越便宜、主網速度越來越快而有所降低。二〇一七年「迅雷」看到區塊鏈技術的價值，於是快速地將業務模式與區塊鏈做了巧妙結合。升級賺錢寶，命名為玩客雲，消費者只要購買玩客雲硬體，貢獻出剩餘的頻寬和儲存空間，便有機會根據相應的量獲得「迅雷」區塊鏈的數位資產 LinkToken 通證。LinkToken 的產生機制基於區塊鏈的規則和技術，與玩客雲智慧硬體和共享頻寬、儲存的經濟有著強烈的關係。持有 LinkToken 可以在「迅雷」的生態中兌換各種產品和服務。同時，LinkToken 也可以在個人之間、數位資產交易平台之間進行交易。這個結合區塊鏈技術的產品和規則一出，立刻受到全社會對「迅雷」的關注、討論和參與，玩客雲被大量採購，原本賺錢寶的售價在人民幣兩百九十九元（約新臺幣一千兩百七十元）左右，玩客雲一出，迅速斷貨，網路上被炒到人民幣三千九百九十九元（約新臺幣一萬七千元），一機難求，使用者量猛增。同樣，受區塊鏈效應的影響，短短一個月內，「迅雷」在美國的股市股價就翻了六倍，全市場為之瘋狂。

雖然，「迅雷」的區塊鏈實驗也受到不少爭議和質疑，卻成為一個知名的品牌在區塊鏈方面勇於大膽踐行的代表。自此之後，「迅雷」將公司的很大力量放在了區塊鏈事業上，未來或許會有更多令人驚豔的舉動。

2.「支付寶」

二〇一八年中國的螞蟻金服推出了一款重大傷病保險產品，稱作「相互保」，也就是透過網路的形式互相保險的意思。只要是「支付寶」使用者，芝麻信用達到六百五十分以上就能夠參與其中，成為人人互保的一員，未來只要該參與者不幸得病，達到醫院提供的重大傷病標準，就可以由參與者共同承擔醫療費用，經過測算，費用低到人民幣零點一元，甚至芝麻信用分值高的都可以免費獲得醫療幫助。這消息一出，瞬間顛覆了很多人對保險的印象。

中國精算師協會的相關資料顯示，保險消費基本上都是人民幣幾百至幾萬元不等，而在重大傷病的發生率中，男性二十歲的二十五項重大傷病發生率在百分之零點零四七八，四十歲的發生率在百分之零點二八，同年齡女性的發生率分別是在百分之零點五和百分之零點二九。相對於這個發生率，高昂的保險費最終為大量的保險公司賺下了鉅額利潤。根據股市財報統計，二〇一七年中國保險公司利潤排行榜顯示，位列前三甲的「平安人壽」、「國壽股份」和「太保壽險」的淨利潤分別為人民幣三百四十七億三千兩百萬元 147694804514、三百二十二億五千三百萬元（約新臺幣一千三百七十一億元）和一百零三億四千六百萬元（約新臺幣四百四十億元），而像「百度」這樣規模龐大的網路公司，利潤才人民幣一百八十五億元（約新臺幣七百八十六億元）。這種現象對於消費者來說，是一種資金的浪費，也是一件極度不公平的事。

基於此，「支付寶」推出全新的相互保產品，並提供技術以保證這項業務能安全且有效地運行。「支付寶」憑藉自己強大的品牌號召力和信用度，同時大膽而有效地運用了區塊鏈的技術來保證整個保險過程的透明和不可篡改，完美地推動了這一計畫。在前期的預約加入階段，吸引了超過一千萬名使用者的預約，在後期正式使用後的三個月內，總計超過一千八百萬名使用者參與相互保。

區塊鏈技術為這項產品提供了最基礎、透明且穩定的支撐，這一產品的推出，被很多人讚譽為還原了保險應有的樣子。

3.「沃爾瑪」

「沃爾瑪」是一家全球性的大型連鎖超市，在全球擁有超過一萬兩千家門市，作為一家曾經在線下超市連鎖方面的集大成者，雖然未能在電子商務時代趕上亞馬遜，但其在商品流通領域的進步和創新並沒有結束。有感於食品的安全問題，美國每年因為食品安全引起的疾病診療損失高達九百億美元（約新臺幣兩兆七千萬元）。臺灣近年來的食安事件也是歷歷在目。「沃爾瑪」為了響應各國政府和社會的訴求，一直努力建立食品安全管控機制，並且一直是行業的表率。儘管其系統已經比較先進，但還是面臨很多問題。比如很多供應鏈環節無法查詢、查詢的速度比較慢、就算查詢了依然可以造假、造假的成本和懲罰代價較低等。有一天，「沃爾瑪」的高管忽然希望去查詢自己手上的芒果來自哪裡，於是整個團隊迅速行動，最後花了近七天的時間才查出結果，這個速度在同行裡是最快的，但這對於水果生鮮等保存期限比較短的產品來說時間卻是無比的漫長。倘若一個產品出了問題，為了安全起見，所有同類產品都要下架，由此使得商家蒙受了很大的損失。直到區塊鏈的出現，讓「沃爾瑪」喜出望外，它發現區塊鏈技術使得食品的溯源有了比較可靠的解決方案。於是從二〇一五年開始，「沃爾瑪」便攜手 IBM，利用區塊鏈技術在食品安全方面進行研究和前導。利用區塊鏈追蹤供應鏈每一個步驟，永久性記錄每一個交易環節，其不能任意做修改的特點替代了傳統紙質追蹤和手動檢查系統，可增強食品真偽判斷方面的安全保障，以期達成食品安全的源頭追蹤與治理。

最後在針對芒果的溯源測試中，「沃爾瑪」做到了二點二秒一步到位的溯源工作，幾乎是一瞬間就可以知道芒果來自哪裡，是否被熱水處理過？農場有沒有檢查？這個有機產品是否真的有機？全程一步到位。

「沃爾瑪」全球區塊鏈計畫的第二步始於保障豬肉供應鏈安全。此專案利用 IBM 基於 Linux 基金會旗下開源軟體 Hyperledger 建立的區塊鏈技術，可及時將豬肉的農場來源細節、批號、工廠和加工資料、到期日、儲存溫度以及運輸細節等產品資訊，以及每一個流程的資訊都記載在安全的區塊鏈資料庫中。透過對該專案的實施，「沃爾瑪」可隨時查看其經銷豬肉的原產地以及每一筆中間交易的過程，確保商品都是經過檢驗的。這個測試最後也獲得了同樣的成功。

全程追蹤可保障食品變得更健康，自然提升消費者的信任度。同時有效安全的數位化資訊紀錄以及快速的供應鏈追根溯源也令「沃爾瑪」的交易效率上升到新層次。

目前已經有包括「多爾」、「雀巢」、「泰森」、「聯合利華」等超過十家大品牌參與其中，可在「沃爾瑪」區塊鏈中追蹤的商品包裹達上百萬。「沃爾瑪」在區塊鏈溯源上快速地申請了多項專利，獲得了市場的高度好評。

4.「麥當勞」

全球最大的跨國連鎖餐廳「麥當勞」於二〇一八年進行了一次獨特的行銷，讓市場感受到了其魅力，也見證了區塊鏈的吸引力。二〇一八年是麥當勞熱門產品「大麥克」推出五十週年慶，作為一個影響力大、粉絲眾多的大品牌，自然希望藉這個機會進行一次全球性的行銷。經過一段時間的籌劃，「麥當勞」發現區塊鏈作為一個全球性的技術——尤其是代幣的部分，已成為各國趨之若鶩的事情。於是在六月，「麥當勞」向市場發放了一套五十週年的紀念代幣，五種獨特的 MacCoin（麥克幣）實體代幣，包括一九七〇年代的「權力歸花兒」設計、一九八〇年代的「流行藝術設計」、一九九〇年代的「抽象形狀設計」、二〇〇〇年代的「前端技術設計」，以及二〇一〇年代的「通訊技術設計」；這套紀念代幣被稱為 MacCoin，紀念幣總量六百萬枚，並遵循區塊鏈通證的規則，今後不會再發行，發完即止。消費者在週年慶這一天去「麥當勞」消費並為「麥當勞」唱生日歌，就有機會獲贈紀念幣，人們稱之為挖礦，同時他們也可以拿著這個紀念幣在今後去兌換一個大麥克。就這麼一個規則簡單的線下行銷活動，因為機制上迎合了區塊鏈的特色，以及「麥當勞」虛虛實實的前期預熱，活動還沒開始就引發了全球各地熱議。緊接著，在活動開始的前一天，大量消費者衝到「麥當勞」門市前連夜排隊，就為了能有機會「挖到礦」，甚至還出現了個別消費者因體力不支而現場暈倒的現象，其熱門程度可想而知。活動結束以後，還沒等人們反應過來，紀念幣便開始在網路中被頻繁交易，一度高達一個新臺幣三千多元。很多人都在猜測，實體幣發完了，「麥當勞」是否會馬上接著發行對應的虛擬貨幣，以方便消費者自由交易和流通。過沒幾天，人們發現一個叫 MacC 的虛擬貨幣出現在眼前，很多消費者開始大量採購。正當人們為 MacC 瘋狂的時候，「麥當勞」對外宣布，MacC 與「麥當勞」無關，是別有用心的人假借「麥當勞」的名字做的非法代幣，「麥當勞」為大麥克五十週年發行的實體紀念幣與 MacC 無關，而且 MacCoin 實體紀念幣從一開始就告知過消費者：這只是紀念幣，沒有「貨幣屬性」。儘管如此，MacCoin 依然被粉絲頻繁地交易，很多人還抱著一個美好的期望：說不定未來有一天，市場對於區塊鏈通證的接受度上升，「麥當勞」會迅速地將手裡的實體紀念幣通證化，因此要好好收藏著。

無論如何，這次「麥當勞」結合區塊鏈的品牌行銷所造成的反響和效果超出了「麥當勞」本身與市場的預期。可以想像，在未來會有越來越多的品牌行銷結合區塊鏈。隨著區塊鏈技術越來越成熟，很多品牌在行銷上也將不再只是停留在名義上的借用區塊鏈，還將從技術和應用上結合區塊鏈來進行更有影響力的行銷行為。

區塊鏈的技術和理念在逐漸走向社會的道路中引起了全球各種角色的空前關注和爭議，大量的人才和力量紛紛參與其中，有人帶著改變世界的理想，有人帶著技術的應用思維，有人帶著投機取巧的心思，形形色色，表現得非常精彩。無論是國家、政府還是企業和個人，都在努力尋找最好的方向和最快的速度以抓住機會。隨著大量品牌參與其中，可以預測的是，區塊鏈將會加快影響人們生活的步伐，未來會發生什麼樣的改變我們不得而知，但對於即將到來的變化，是值得我們肯定和期待的。

Chapter 15

「區塊鏈人工智慧」時代的品牌行銷將超出我們的習慣和認知

說到區塊鏈，必然會讓人們聯想到人工智慧。那麼，如果未來區塊鏈和人工智慧有系統地融合，那個時候的品牌行銷又會是一幅怎樣的光景呢？我們的生活和社會又有什麼樣的變化呢？

品牌行銷經歷了從無到有、從簡單到複雜、從單一到多樣化、從傳統媒體的集中式行銷到網路媒體的碎片化行銷的各個階段，但始終處於飄在空中的相對無序狀態。因為品牌行銷針對的是人，是屬於情感和心智的溝通，消費者各有喜好，溝通需要從感官入手，透過視覺和聽覺去傳達意圖，使行銷停留在圖像和聲音的演繹上。行銷的介質無法精確針對消費者喜好，行銷的過程無法建立完整的自動化，行銷資料很難全方位預測和追溯，最後自然無法避免「飄」的狀態。

我們都知道，在行銷的五感中，視覺和聽覺接收的資訊量最多，而觸覺、嗅覺和味覺依次遞減。但在消費者的感官記憶中的深刻度卻往往呈現相反的次序，味覺很多時候會占據重要的位置。「媽媽的味道」這種具有代表意義的味覺感官，很多人因為小時候吃過媽媽煮的飯菜而記憶一輩子；臺灣的美食根植於每個人的心底，很多人不管走到哪裡，都會因為沒有吃到中餐而感到不自在；長輩或摯友的一句話，影響著一個人的人生行為。行銷的感官手法，都在朝著精準方向或者更立體的體驗發展。遺憾的是，在過去很長一段時間裡，行銷依然處於判斷和猜測的階段，由感知能力較強的人去分析、策劃和創意，傳播大致能夠滿足某一部分消費者喜好的行銷內容與方式之後便做結束，如此往復。

直到大數據出現，人們可以憑藉一部分資料去統計、分析和判斷資料背後消費者和市場的感知。但我們在網路之前和網路時代，仍然解決不了確切資料來源的問題，因為利益、基礎設施不兼容、隱私保護等各方面問題都使大數據無法發揮其最大效力。

區塊鏈帶來了這一難題的解決方案。獨特的技術特點、安全性和集體共識機制，達成了不一樣的信任協議。在區塊鏈技術的基礎上，可以完好地解決隱私和安全的問題，在技術手段上達成資料的共享；同時，其獨特的價值體系又解決了長期以來形成的利益關係所導致的人為資料不共享的意願問題。在技術手段上，因為價值形成了生態，在生態內彼此成為利益共同體，那種因為利益而自私的行為將逐漸消失。區塊鏈的出現使我們第一次看到，人類可以拋開種族、地域、語言和文化，脫離於道德和法律之外，找到一種新的信任的模式，這是一種建立在數學和代碼基礎上的信任。在短時間內引起了各國對其全方位的關注、討論和實踐，都希望能早他人一步建立新信任模式的先機。幾乎大部分人都相信，只要奪得這個先機，便有引領全球未來的優勢。

區塊鏈以技術為基礎，從解決貨幣數位化的目標出發，因為利益和價值的驅動，引起了一場從貨幣和金融開始的價值革新、思想變革，揭開了信任革命的序幕。過去幾年鏈和幣的發展如火如荼，甚至可說達到了趨之若鶩的程度，也演繹了一系列荒唐的笑話。很多專案在沒有技術、沒有商業應用的基礎上，只透過一份白皮書便引來無數人的瘋狂投資，動輒幾千萬元甚至上億元，很快又在漲跌的大起大落中大量虧損，甚至有大量傳銷力量以此為契機欺騙他人。這些都為剛剛啟蒙的區塊鏈行業蒙上了一層陰影。

事實上，區塊鏈作為一項底層技術、一種信任機制，要得到正向的、長足的發展，單純的底層技術和代碼還是不夠的，需要仰賴以其為基礎的硬體。正如複式簿記法催生了公司制的新合作關係，促進了貿易和金融的發展，但真正使公司制大放異彩的，則是以蒸汽機為代表的一系列生產力的革命推動的各種物質。

為了維護區塊鏈的穩定，為了保證價值的流通，一些礦機被發明和生產出來，這些機器硬體以計算為主要功能，進行相對單一的行動。礦機可以說是區塊鏈世界裡早期硬體的雛形，有意思的是，這種簡單的雛形居然也在短時間內獲益匪淺。在行業中最為知名的當屬比特大陸，這家於二〇一三年成立的公司，在行業中較早切入比特幣挖礦的芯片研發，從賣自主研發的螞蟻礦機開始，快速地拓展挖礦方面的整個商業鏈條，包括礦池、挖礦雲端平台、AI 等。二〇一七年比特大陸的營收達到二十五億美元（約新臺幣七百五十一億元），而從其二〇一八年香港交易所上市申請披露的資訊得知，比特大陸在之前完成 B 輪融資的情況下，估值達一百二十億美元（約新臺幣三千六百零五億元），上市後比特大陸有望達成五百億美元（約新臺幣一兆五千億元）的估值。在這些估值的背後我們看到，比特大陸在一個被全世界看好的、符合潮流趨勢的區塊鏈領域中，憑藉其技術解決了區塊鏈領域中一個環節的問題和需求，快速成長為一家頂級的大規模公司。而螞蟻礦機經過一輪輪的疊代更新，儼然已經成為區塊鏈世界影響力第一的硬體品牌。

在未來，從挖礦這種利益驅動的行為開始，會出現越來越多的其他類別硬體品牌。區塊鏈作為一種分散式的儲存技術，包含交易、記帳、儲存、加密、獎勵、多方合作等功能，在這些功能中，圍繞改變人們的生活和社會的發展，從提升效率和降低成本的角度出發，目標是建立全社會新的價值體系和新的信任體系。在未來這些新體系建立之前，必然得經歷一輪輪更新疊代後的發展。

因此，隨著計算技術的提升、材料科學的發展，未來的區塊鏈硬體將會有很大的改變。我們的衣服也許會是一件高科技結合的新材料硬體，能夠時刻感知體外的溫度和各種環境變化指數，甚至能夠在一定程度上平衡溫度的變化，能夠時刻收集個體的健康指數，並及時分散式儲存，所有的資料將保存在自己唯一加密的安全帳戶中，或者在自我的授權下直接回饋到國家或社群的健康管理平台或中心。我們的鞋子會成為一種硬體，除了美觀、舒適之外，未來更是具備記步、導航、溫度調節、姿勢調節等功能，所有的行動軌跡資料一樣會即時記錄和儲存。

我們的生活用電會有區塊鏈盒子，可以即時了解日常生活的用電習慣並記錄和儲存，在一定時間內可以為個人規劃用電的方案，以方便不同的供電公司或自我的太陽能電力的能源分配。區塊鏈學習機會成為我們這一生學習知識的記錄器，即時了解這一生的學習過程，記錄下每一刻的結果並儲存於區塊鏈中，我們也可以隨時查閱學過的知識，該機器將伴隨每個人一生，成為最好的知識庫，將該機器接入國家的教育系統，可作為學習憑證的依據。各種圍繞人們生產、生活和發展的硬體將會被生產出來。

有硬體的發明創造，必然會伴隨需求的產生而出現新的矛盾。單一硬體的發展效率是比較有限的，甚至可以說，在未來的高速連結基礎上，單體的機器即將慢慢地退出歷史舞台，從單體走向網路再到體系化運行；從機械走向多功能，再到自動化和完全自動化的發展方向將成為必然趨勢。為了達成這一系列的高級躍升，區塊鏈的軟體將會有很大的發展。今天的區塊鏈多是一種底層技術或者一種信任的協議，但要推動這一技術和協議的落地與發展，除了硬體的配套之外，還需要有更多圍繞區塊鏈的軟體的發展。區塊鏈的一體操作系統或者自動化操作系統將在未來被實踐，相關的組織、機構和社群可以在操作系統中完成自我的簡單開發，透過硬輸入的方式便可以直接得到開發結果，將大大提升其效力。在電腦和網路的操作系統中，是透過編碼的語言來完成一個指令的構建和指引，以控制機器;在區塊鏈的操作系統中，編碼的語言也許將會更加統一，人們可以透過文字、語言等資訊直接將思想編碼，快速完成軟體的落地應用。

我們發現，不管是區塊鏈的硬體還是軟體，都在不知不覺中指向人工智慧。區塊鏈用體系和信任驅動人們形成未來社會的基礎建設，而人工智慧則用技術和功能召喚更多人嚮往未來生產力。在區塊鏈與人工智慧結合的基礎上，我們衣食住行的各個領域將會圍繞大數據和價值連結智慧化地重新構建。我們所住的房子，將圍繞在區塊鏈作為底層基礎的物聯網中開啟全新的智慧化生活，所有的家居產品都可以相互連結和智慧化地響應人性化的需求。我們的出行工具將會達成相互連結，每個人的出行都可透過面部識別來進行，私人交通工具達成完全的無人駕駛，達成水、陸、空三棲立體行駛。我們的生產工具將會直接連結上游的原材料和下游的消費市場，使得很多產品完成精準化的生產並按需分配。我們的資訊獲取透過人工智慧，逐漸從視覺和聽覺的資訊轉向觸覺、嗅覺和味覺的立體化感官資訊。我們的消費行為開始綁定自己的價值和時間，可以讓消費與自己的資產、收入配置得更加精確，可以實質性地抵押自己的時間去換取消費。我們的健康一方面在區塊鏈的獎勵機制上將引導人們走向自主的免疫力提升，主動參加鍛鍊成為一種全民崇尚的生活方式，社會的相關組織和機構將時刻記錄國民的健康狀況，個體的健康會成為都市和社會發展的重要價值指標；另一方面，隨著量子電腦的出現和基因科學的基因編程技術的進步，在健康的干預手段上也將把人類的健康推向一個新的台階。

有了區塊鏈的人工智慧，社會的發展將會如同古代人向現代人的轉變一般，是一個全新社會的質的變革。比較古代社會和現代社會的發展標誌，「農業、鐵器、貨幣、文字和宗教」是古代重要的發展標誌，那麼「工業、技術、資本、資訊和法治」則是現代社會的重要標誌。而在未來社會，「生態（社群）、『區塊鏈＋AI』、資產和秩序」將會是新的標誌。過去的工業發展走過了生產自動化和辦公自動化的進程，在未來的社會發展中，將會走向價值體系自動化和社會秩序自動化的方向。區塊鏈和人工智慧的結合帶來了這些發展的可能性。而未來社會的這一發展方向，將會重構社會各個層面的關係。

人作為社會中的核心和組成單位，在過去很長的歷史中，從個人出發，到家人、親戚、同學、同事、朋友，再到社會，幾乎可以說有人的存在才有社會的存在。人和人之間為了生存和發展，需要透過彼此的合作來達成相應的目標。為了達成一系列的合作關係，便又形成了人類社會特有的人際關係。在過去漫長的歷史中，人類是生產力的主要來源，社會的人際關係主要展現在生產資料的分配關係上，人們獲得生產資料，並透過勞動進行生產和支配，因此形成了金字塔狀的人際關係。此時，人的主要作用在於生產，社會則是「得人者，得天下」，全球的征伐、演變和發展，都圍繞著土地和人口的爭奪。

社會進入工業時代，當生產力由人轉變為機器時，機器替代人成為社會最主要的生產力，人類的關係開始轉向生產和消費結合的多元關係。很大一部分繁重、簡單的工作被機器替代，人們便減少了更多勞動付出，開始轉向貿易、消費和服務等工種。尤其是辦公自動化和網路的發展，驅動了機器以人為本的發展方向，社會的關係從人與人為主的關係轉向了人與機器為主的關係。而原本農業經濟下的人與人的關係逐漸式微，慢慢被人與機器的關係所占據。圍繞著生活的物資生產，機器成為重要的力量，圍繞著資訊獲取和生活方式的改變，電腦和手機成為重要的第三人。機器解決了我們的生產問題，也解決了我們資訊流通和娛樂方面的問題，為人們拓展了新的空間，人們的注意力和行動力朝著機器靠攏，在現代社會中，主要矛盾的遷移，從人與人之間的矛盾轉向機器如何更好地服務人的人與機器的矛盾。於是人們不斷地創造，努力地生產出圍繞生產和生活的各式各樣的機器來服務人類，創造了燦爛的現代文明。

Google 的 AlphaGo 與人類的圍棋大戰以全勝聞名於世，一方面預示著機器已經有了強大的人工智慧能力；另一方面也為人類帶來強大的威脅。按照這樣的發展速度，當機器具有思維，其強大的優勢被發揮出來，人類該何去何從？在現代工業文明中，人與機器的關係主要展現在人類創造了機器，進而推動人類文明向前發展。在未來的智慧時代，在區塊鏈的保駕護航下，人工智慧的燃料——「資料」達成共享，萬物得以相互連結，人工智慧成為主要的生產力，當機器服務人的同時，機器也可以創造機器和自我保養，社會的生產力和生產關係又將是一次質的飛躍與劇變。此時，機器與機器之間將會具有當代人與機器一樣的關係，即創造與被創造、服務與被服務、僱傭與被僱傭等一系列關係。由此，人與人的合作關係將轉變為機器與機器的合作關係。

當機器智慧化後，人從一開始的作用於機器，逐漸會被機器反作用於人。我們深深感受到，科技使人提升生產力，提高了生活水準，也在很大程度上推進了人類的社會文明。

不過，當未來機器智慧化程度越來越高，越來越普及，也許人們為了理想中的文明創造了機器，當機器智慧化到一定程度，由人控制的機器可能會變相地、無意識地控制起人。社會的秩序和規範被機器約束，此時機器與機器、人與機器的關係將會發生根本的改變。

未來家裡的冰箱足夠智慧化，會不斷地提醒你，你的身體健康指數哪裡有問題，血脂太高不能再吃雞蛋了，血糖太高不能吃主食了，每天都會幫你精確地控制自我。但冰箱不執行你的指令，它也不為你下單購買相關的食物。

當你要去一個目的地赴約，時間非常緊急，你下指令給你的智慧車以最快的速度行駛，但它會用資料分析告訴你目前無法行駛太快，生命安全很重要，如果你執意要加快車輛的行駛速度，請換飛行器。於是你可能會在家門口與智慧車生悶氣，但機器並不理會你。

你家的健身器材發現你近期由於自我管理不當，或者鍛鍊太少，便會為你設定鍛鍊的方案，並把這個鍛鍊方案共享在與你健康相關的各種機器上，所有的機器會根據你的情況為你加碼鍛鍊強度和時間，此時你或者已經筋疲力盡，或者惰性大發不想配合，但機器會逼著你，讓你無所遁形。

在未來，人們在學習時很大程度上要靠智慧學習機，不管是在課堂、家裡還是路上，學習機都會時刻提醒你學習，並根據進度為你訂定讀書計畫。你的學習過程和學習結果會被大數據記錄，所有的資訊會被永久保存，作為個人的上進指數影響一生。

在這樣的情況下，社會關係澈底改變，社會的價值體系也將發生本質上的變化，當人與人成為社會關係的主導時，價值圍繞著人來發生，社會的各個族群展現了不同的價值，但在機器成為社會關係很重要一部分的時候，社會的價值圍繞著機器流轉再作用於人，價值的體系則會變成圍繞著價值本身的自動流轉，不同的價值體系構成獨特的結構，這就是價值結構。那時，決定一個人的生活水準、財富和地位的，也許不是你的職業、興趣、出身，而是看你接受什麼樣的價值體系，並且是否願意成為該價值體系中的一員。

同樣地，在以人為主導的社會中，人們透過結構的需求去創造不同的品牌以獲得價值認同和報酬。當機器成為社會重要的組成部分，智慧型機器成為核心生產力，品牌的形態也一樣會變化，單一產品成為品牌的狀態會被慢慢地淡化，因為單一產品能解決的問題越來越有限，只有建立起品牌跟品牌之間的生態，才能發揮品牌的最大作用，因此會有越來越多的品牌生態被建立起來。一個智慧品牌能生產汽車並不算什麼大的能力，而在於你是否有足夠開放的心態，能否調動起上下游的零件、能源、供應鏈和消費者等各方力量與價值，充分地形成一個完整的品牌生態。

當品牌生態夠多，競爭便又開始，生產關係也會發生改變，社會的競爭也會慢慢地脫離單一的品牌競爭，會朝著生態發展。因此，到那個時候，品牌的行銷已經不是品牌單體的行銷，而是品牌生態的行銷和發展，大量的品牌生態不斷競爭，我們會看到一種與今天完全不一樣的情況，品牌變成了生態的品牌。一個好的品牌生態，在競爭和發展中贏得更廣闊的市場，這個生態便成為一個強大的品牌。圍繞著這個生態品牌的人與機器，在價值自動化的體系中努力創造價值，形成一個空前的秩序自動化的全新社會。

Chapter 16

一個真正連結未來的時代即將來臨：關於未來品牌行銷的遐想

區塊鏈和人工智慧普及的年代，我們將何去何從？我們會被淘汰嗎？那是一個美好的未來還是一個恐怖的深淵？

區塊鏈是打通現實世界和虛擬世界的任督二脈

過去的幾千年，為了生存和發展，人類一直在尋求生產力的革新，從火的利用，到鐵的應用，到工具的創造，再到機器的發明……不斷推動著人類文明的進步。一代代的創新者，或者努力去尋求認知世界的真理，或者渴求找到人與自然的關係，或者不斷推進改造世界的構想。按照演化論的邏輯，人類從遠古的非洲走來，走向全世界的各個角落，在漫長的摸索中不斷進步和發展，直到找到科學的精神和思想，生產力實現了快速的躍升。哥白尼、阿基米德、伽利略、笛卡兒、牛頓、富蘭克林、道耳呑、安培、黎曼、諾貝爾、特斯拉、愛因斯坦、霍金等一大批科學史上的璀璨明星，以科學的精神推動著歷史的發展。漫長的歷史中，人們為了生存和利益不斷爭奪與融合，演繹了看似文明的故事，但站在科學的面前，一切的政治和習俗都顯得卑微而渺小，因為真正推動歷史向前發展的往往不是王侯將相，而是技術和工具。石器的使用、火的掌握、鐵器的冶煉、蒸汽機的發明、電力的創造、電腦的誕生等，無不以超越過去力量的一千倍速率在藐視過去的生產力和秩序。

當科技的發展達成了生產力的大幅度提升，使得人們從生存線跳躍至發展線時，從人力時代走向工業時代後的幾百年時間裡，我們為工業時代建立了一整套秩序，在新時代的通訊埠，又開始面臨新的抉擇。過去人們苦苦思索人與自然的關係，直到工業時代的來臨，讓人們跳躍出人力不能企及的生存瓶頸。進入科技和工業引領的時代，以機器為核心生產力，使物質的需求逐漸達成全方位滿足，人們又開始陷入新的發展困境。

我們是誰？我們從哪裡來？我們將向哪裡去？這三個問題在今天科技高度發達的時代，依然不斷困擾著所有的科學家。愛因斯坦晚年認為宇宙是神在操控，因為宇宙從哪裡來、宇宙之外是什麼等這類問題在未來很長一段時間內，人類依然很難企及。

既然思想和科技往往推動著社會的發展，那麼在今天物質資源越來越充裕的時候，人類要有再一次的躍升，如果繼續停留在用科技追求物質本身，便是某種程度的倒退或者停頓。物質基礎決定上層建築，上層建築才是人類的重要方向。在思想上新的發展，形成基於精神世界的共識，建立於獨立意志之上，組織和個體可以逐步脱離國家框架約束，自由遷徙，自由生產，自由治理，那便是未來該有的方向。

區塊鏈的出現為人們從物質世界走向精神的虛擬世界奠定了

科學的基礎，讓未來逐步接近，使得資料和人工智慧有了共識的契機。一旦區塊鏈、資料和人工智慧完好地結合，一個嶄新的未來社會將會以超出過去千倍的速率呈現在人類的面前。那些在三維物理世界中無法解答的科學難題、終極奧義和人類使命，也許將在虛擬空間的四維世界中靜靜地展現在我們面前。

人工智慧社會及其品牌行銷探索

未來幾十年，當人工智慧發展到一定階段，社會及歷史將會產生新一輪突變，品牌的行銷也將隨之發生天翻地覆的變化。

人工智慧一樣會隨著人類的需求及技術手段的發展而逐步走向成熟，分別走過幾個重要階段。

第一，雛形及啟蒙階段，也稱為初始智慧階段。隨著科技的發展，為了解決人類生產和生活上一些簡單的、重複的、煩瑣的、人類易出錯的問題，提高生產及生活效率，人類開發了初級智慧系統及工具，如當今的電腦系統、生產機器人、智慧導航、日常生活基礎智慧工具等。這一階段的人工智慧基本以單體智慧出現，並解決人類生產及生活等活動中一些基礎的、單一的問題而存在。

第二，升級及發展階段，也稱為仿真智慧階段。當人類科技和智慧能力發展到一定階段，社會秩序進一步建立，人類的生產及生活效率進一步要求提升時，人工智慧朝著一個更純熟模仿人類動作的方向發展，開始著手解決一系列更為複雜的問題。如智慧駕駛、智慧醫療、智慧服務等。此階段的智慧體系以單體智慧為主，系統內關聯體系為輔，並逐漸走向單體人工智慧的成熟，造成仿真效果的作用。物聯網的建立，使單體的智慧更加精準、資料更加精確，為人類提供的服務也更加到位。

第三，高級及飛躍階段，也稱為人類智慧階段。在單體智慧發展到一定高度，社會建立起了智慧生態系統，社會體系和規則走向新的一個高峰，人類開始讓智慧體完善自我學習能力、修復能力、思考能力等高級能力，使智慧體以人類的能力走進千家萬戶，解決大部分生產及生活問題，並能在自我碰到問題時尋求解決方法。

第四，超級及社會階段，也稱為超智慧社會體階段。在人工智慧發展到人類智慧階段後，隨著智慧體作為獨立個體越來越明顯，獨立思考和處理問題的能力超越過往任何時候，以及其在人類社會中的角色越來越重要，超智慧體逐步成為社會不可分割的一部分，在其族類中也逐步形成了相應的社會體系。人類也必須以強而有力的手段管控超智慧體，讓它們在不同的環境中或者服務人類，或者與人類並肩作戰，或者同享榮耀。

隨著不同階段的人工智慧的發展，人類社會也將發生相應的變革。

第一，在初始智慧階段，人類的生活如舊，不過初始的人工智慧已經逐步地為人類提供部分生活便利，解決了部分問題，儘管還不完善，但因為市場的需求，讓人們看到了未來人工智慧的具體發展潛力和龐大的市場空間。此時的網路系統、解決單一勞動的機器、提供娛樂及生活的物品等，因為滿足了人類身心的需求，開始形成了各自的品牌，同時促使大量的資本注入人工智慧領域，促進了這一領域和事業的快速發展。

第二，隨著技術的進步，為了進一步提升生產效率和生活品質，人工智慧發展到仿真智慧階段。該階段使得人類的衣食住行甚至休閒娛樂都有了質的飛躍和改變，所有的人工智慧逐步進入人類社會，並越來越深，使得人類的生產生活變成了一種高級活動，由於形成相對完整的資料和資訊體系，仿真智慧基本解決了相對複雜的工作。從此，智慧駕駛讓人毋須自我駕駛；智慧廚房使得烹飪成為一件「飯來張口」便能解決的輕鬆之事；智慧服裝使得一件衣服已經可以應對所有的保暖和時尚需求；居住的房子可以自我建造，還可以根據自我的需求移動至想要的目的地；休閒娛樂的方式已經由原來的普通視覺、聽覺的效果，輕鬆地融入人類的各項感官；疾病機器人也進入了人類疾病控制領域等等。生活發生了很大改變。也正因為這一系列的便利和變化，同樣在很大程度上促使人類社會發生變革，社會階層進一步分化，社會矛盾也由原本的勞動及報酬分配不均，開始轉向資源分配不均的矛盾，那些在智慧領域進入較早掌控智慧體創造、有早期智慧服務消費能力的人，逐步掌控社會的資源，並成為人類社會的頂尖人群，而沒有技術、沒有資本的人——如服務員、櫃台行政、快遞、廚師、司機等技術性不高、容易標準化的行業——將逐步失去工作，到失去智慧社會生產及生活能力，再到沉入社會底層被少數社會族群邊緣化。由此，社會分化為兩個大的階層：一個是朝著頂尖的生活方式發展；另一個是朝著原始野性的生活方式發展。兩個族群相互獨立，矛盾也進一步強化。這個強化的過程常常伴隨著鬥爭、破壞等運動，智慧的發展也處於或快或慢的進程中。但由於智慧一族控制著絕大多數的資源和權力，大多數的被邊緣化族群只能在自我族群中努力學習和發展，尋求有一天成為智慧族群的一分子。這一天的到來，對於人類社會可能是一個很大的福音，也有可能是很大的災難。如果朝著普惠全人類的方式發展，那是萬民之幸，因為人工智慧的發展，全方位地讓人們脫離繁重的勞動，進入享受生活的階段，發展好了就是一種社會大同；相反，如果發展不好，因為利益關係朝著一個壟斷和獨占的方向發展，將使人類社會的格局發生劇變，使人們過著「不是天堂，就是地獄」的生活。按照正常的邏輯和發展規律來看，因為市場化，因為資源的分配，因為人類知識和創造程度的高低差別，基本上朝著這個比較壞的結果去發展，至少在第一階段是這樣。

第三，在變革社會的仿真智慧階段後，相應的智慧依然停留在單體單一的問題處理能力中，人類還需要身處於控制相應智慧體系和建立越來越多與越來越複雜的智慧體系中。因此，智慧管家呼之欲出，逐步進入人們的生活，它們成為人類家庭或集體智慧體系的控制中樞，當我們有相應需求，只需要向其提出要求，該智慧管家將會負責解決一切智慧體系的問題，包括發號施令、完成工作甚至修復智慧體。為了使其更完善地解決相應問題，人類進一步提升了智慧管家的學習能力和思考能力，使其能越來越獨立地提供完美的服務。此時，人類社會進入了人類智慧階段。這一階段，社會極其富足，但同樣存在矛盾和危機，如果人類智慧體未受良好管控，也將因為某些未知的利益或問題，產生如人類操控的智慧體之間的戰爭、智慧體系的破壞、智慧體被控制攻擊人類等負面問題。而這一現象，有可能是局部的衝突和矛盾，不小心也將演變為危及全體人類生存和發展的重大危機。

第四，當經歷了一系列的發展階段，智慧體從各種危機中走出來，它們在社會中的作用越來越大，個體獨立學習、思考的能力完全確立，它們甚至有了獨立的個性和思想，為人類服務，以獨特的使命獨立地參與生產和創造，儼然已經成為社會的完整個體，它們的族群也成為社會的新族群與人類相處，這就是超智慧階段。這些獨立的個體被稱為超智慧體，而社會也發展成為超智慧社會。那時的人類，因為科技已經極端發達，人類本身也成為超智慧體的一種類別，屬於具有生命的超智慧體。在這一階段，我們已經很難想像社會及生命的狀態，只能留給更廣闊的思維空間一些餘地，也許人類在這時已經跨越了時間與空間的藩籬。

不過不管經歷到哪個階段，人類終究會因為一些智慧體難以具備的能力而去引領社會的發展。

第一，人工智慧不懂美感。美感的建立是由不同文化的感知累積的，彼此之間存在很大的差異，也在某種程度上存在些許共通點，這個能力，短期內智慧體無法做到，或許未來永遠也做不到。

第二，人工智慧沒有情感，這也是人類先天的優勢。再複雜的機器也很難捕捉人類喜怒哀樂的情感因素，因為情感的因素也是由不同個體和群體的交織產生的相關文化和感知能力，並由此轉化的表現。也許未來對神經元的研究能夠探知情感波動時神經元的變化，但在什麼條件下會使初始神經元產生變化，又是沒有標準答案的難題。

第三，人工智慧沒有價值觀，這是人類獨有的判斷力優勢。價值觀是人類在群體生活過程中，對於利益、道德、價值和規則等的綜合判斷力與思維準則。這是人工智慧純計算和理性思維下完全無法具備的一種能力。一件事情，也許對於機器人來說，只能依據精確的計算來判斷可行性；但人類不是，往往因為某種價值觀的驅使，人們可以發揮超乎理性的力量，明知不可為而為之，最終扭轉了全局。這便是人工智慧無法想像的存在。

第四，人類先天具備綜合式創新優勢，這將是人類社會在感知世界的基礎上最有殺傷力的武器。縱觀過去整個人類社會發展進程，人類的各種技能條件都不是最有優勢的，力量比不上猩猩、速度比不上羚羊、牙齒的鋒利程度比不上老虎、視力比不上哈士奇，而且還沒有翅膀、沒有利爪、沒有防身毒液等，各種技能都不具備，人類在殘酷的自然面前顯得尤為脆弱。但人類擁有最發達的大腦，並且透過綜合式創新懂得創造工具，製造出了刀，利用起了火，創造出一系列生產工具，終究還站上了食物鏈的頂端。這種綜合式的創新在未來的人工智慧社會，一樣會使人類具有獨特的優勢。在單獨的技能上，記憶、計算、搜尋、分析，甚至力量、速度、精準度等各方面，人類都將不如我們親身製造出的人工智慧。不過人類善於將多種技能組合，利用不同工具的能力將再一次上演。人類運用綜合式的創新，將繼續駕馭未來社會的人工智慧。

人類社會的落後在於其很多方面沒有系統性和規律性，而人類社會的發展和變化往往也是因為其沒有系統性和規律性。今天是一個由無序走向有序的過程，在無序的階段我們發現了世界某些現象的有序，並且運用於自身。品牌的行銷，同樣是因為認知、喜好、文化、情感等各種無序的因素下，人們努力去洞察自身，尋求無序中的有序共性的過程，只要有無序和非標準的現象存在，那麼在人工智慧不斷發展的每一個時期，品牌的塑造和行銷依然有其必要性。而在有序面前，我們尋找到那些無序中的美感便成為藝術；懷著對有序的追求，也帶著對無序世界那些各種隨時可能危及自我的不確定因素的敬畏，人類從人、物和事上尋找著超越理智的精神寄託與情感訴求；在情感的表現和行為上，對於自我精神的抒發中，人類發現了「愛」這個東西，這是人類或生命有別於非生命體的重要因素。這些都是人工智慧體無法具備的，這些因素賦予了人類對已知的不滿足、對未知的探索、對外在的審美、對內心的提問，也因此讓人類的想像力和想像空間處於沒有邊界的位置，或許，人工智慧的發展就是人類想像力的一種外在表現。所以，當人工智慧發展的過程中，只要人們努力抓住人類的優勢和長處，依然能在未來很長的時間和空間中引領人類世界與智慧體世界的發展。

後記

對於出書這件事，放在以前，我是完全不敢想像的，因為我一直覺得自己的學問和在業界的份量還差得很遠。在一次與臺灣久石文化的創始人陳文龍先生的交談中，他認為我這麼多年的品牌行銷經驗以及廣告人的經歷與心得值得整理出來與大家分享，畢竟經濟發展到今天，下一個時代就是圍繞更好地提升產品品質、品牌精神力量和更多維度的企業創新的時代，任何一點微薄的好經驗和好想法都有其參考價值。在陳文龍先生的再三鼓勵下，我嘗試整理了一下思路和目錄提綱，然後就這麼寫了起來。

二〇〇八至二〇一八年，這十年，是值得我們銘記的十年，世界經濟大潮起伏跌宕。我們有幸見證了品牌在社群媒體時代的快速發展，很多品牌快速地站上了這個賽道並獲益匪淺，也有很多品牌不能適應新環境而黯然失色。一個國家的經濟影響力，最終要由企業和品牌的活躍度與影響力來決定，也由百姓的消費力和自信心決定。

在社群時代，資訊社群、電商、移動支付等領域都有很大的創新和應用，但卻形成了一個網路玩網路的、傳統企業玩傳統企業的現象，彼此沒有更進一步地融合。網路在消費端已經非常成功和成熟，而網路在品牌和企業的生產端、經營端的應用依然沒有很大的起色。這個空白，也讓很多人看到了未來網路從落地到具體產業中所存在的機會。如果產業網路能夠落地，需要什麼方法和技術來支撐彼此的互通？對於品牌的產品生產、品牌塑造、品牌行銷等各方面是否會有影響？

網路在經歷社群化之後，逐漸進入下半場的比拚，似乎其動能開始顯示出疲態。正在此時，區塊鏈技術步入很多人的眼簾，根據它的技術邏輯，很多人覺得，區塊鏈即將在經濟和社會秩序上造成很大的不可估量的作用。那麼它會對未來的品牌建設、經濟發展和社會進步造成什麼樣的作用呢？

從二〇二〇年開始的接下來的十年，又將是一個新的品牌修練歷程，臺灣在融入世界、影響世界的道路上，是否能夠開啟新紀元？新能源、5G、大數據、雲端計算、物聯網、區塊鏈、人工智慧和生物科技等一堆機遇和挑戰等著我們去面對並想辦法抓住它們。如果這些都實現了，這個世界將會是一幅什麼樣的光景？什麼樣的品牌和企業能夠真正地占有這些先機？這些都是值得思考和踐行的事情。

我們把過去十年的經歷比作一面鏡子。面對不確定的未來，我們無從選擇，只有開放心態去擁抱未來一切新的變化，才是我們應有的態度。

感謝過去的很多夥伴、客戶和朋友為我們在品牌行銷上的實驗提供了很多機會。期待未來在新的區塊鏈時代，能夠有機會在品牌行銷上有更多實踐和研究。再次感謝陳文龍先生給予我的支持與鼓勵。

借用自己在春節時寫給親友的祝福語，期待給予每一個人、每一個品牌更多的勇氣：

歲月展翅在二〇二〇，以鷹擊長空的氣勢縱覽天地，或穩健，或起伏，心境慨然。看時間凝固過去，展望未來，希望之光熠熠生輝，我們將追逐雄鷹翱翔在天際，以大鵬排山倒海的勇氣，喚起寰宇新世界的覺知。向世界宣告，一切的美好始於無所畏懼地前行，前行者帶著光之熱情，引領未來，締造出永不泯滅的「願力」！

鄭聯達

下篇：區塊鏈引領品牌行銷及廣告行業的革命
Chapter 16 一個真正連結未來的時代即將來臨：關於未來品牌行銷的遐想

國家圖書館出版品預行編目（CIP）資料

品牌不逆襲，就關門大吉：從大麥克身上學到區塊鏈行銷術 / 鄭聯達 著. -- 第一版 . -- 臺北市 : 崧博出版 : 崧燁文化發行 , 2020.5

面； 公分

POD 版

ISBN 978-957-735-980-3(平裝)

1. 品牌行銷 2. 行銷策略

496　　109006355

書　　名：品牌不逆襲，就關門大吉：從大麥克身上學到區塊鏈行銷術

作　　者：鄭聯達 著

發 行 人：黃振庭

出 版 者：崧博出版事業有限公司

發 行 者：崧燁文化事業有限公司

E-mail：sonbookservice@gmail.com

粉 絲 頁：　　網 址：

地　　址：台北市中正區重慶南路一段六十一號八樓 815 室

8F.-815, No.61, Sec. 1, Chongqing S. Rd., Zhongzheng Dist., Taipei City 100, Taiwan (R.O.C.)

電　　話：(02)2370-3310 傳　真：(02) 2370-3210

總 經 銷：紅螞蟻圖書有限公司

地　　址：台北市內湖區舊宗路二段 121 巷 19 號

電　　話：02-2795-3656 傳真：02-2795-4100

印　　刷：京峯彩色印刷有限公司（京峰數位）

定　　價：450 元

發行日期：2020 年 5 月第一版

◎ 本書以 POD 印製發行